蘇州全書

甲編

·園冶

《蘇州全書》編纂出版委員會 編

蘇州大學出版社
古吳軒出版社

圖書在版編目(CIP)數據

園冶 /(明)計成撰 . -- 蘇州 : 蘇州大學出版社 :
古吳軒出版社, 2023.11
(蘇州全書)
ISBN 978-7-5672-4549-5

Ⅰ. ①園… Ⅱ. ①計… Ⅲ. ①古代園林—造園林—中
國—明代 Ⅳ. ① TU986.62

中國國家版本館 CIP 數據核字(2023)第 170755 號

責任編輯 李壽春　劉　冉
裝幀設計 周　晨　李　璇
責任校對 汝碩碩

書　　名 園冶
撰　　者 〔明〕計　成
出版發行 蘇州大學出版社
地址：蘇州市十梓街1號　電話：0512-67480030
古吳軒出版社
地址：蘇州市八達街118號蘇州新聞大厦30F　電話：0512-65233679
印　　刷 常州市金壇古籍印刷廠有限公司
開　　本 889 × 1194　1/16
印　　張 26
版　　次 2023 年 11 月第 1 版
印　　次 2023 年 11 月第 1 次印刷
書　　號 ISBN 978-7-5672-4549-5
定　　價 180.00 元

《蘇州全書》編纂工程

總主編

劉小濤　吳慶文

學術顧問

（按姓名筆畫爲序）

王　芳　王　宏　王　堯　王　鍔　王紅蕾　王華寶　王爲松　王衛平
王餘光　王鍾陵　朱棟霖　朱誠如　任　平　全　勤　江慶柏　江澄波
汝　信　阮儀三　杜澤遜　李　捷　吳　格　吳永發　何建明　言恭達
沈坤榮　沈燮元　武秀成　范小青　范金民　茅家琦　周　秦　周少川
周國林　周勛初　周新國　胡可先　胡曉明　姜　濤　姜小青　韋　力
姚伯岳　馬亞中　袁行霈　華人德　莫礪鋒　徐　俊　徐　海　徐　雁
徐惠泉　徐興無　唐力行　陸振嶽　陸儉明　陳子善　陳正宏　陳尚君
陳紅彥　陳廣宏　黃愛平　黃顯功　崔之清　張乃格　張志清　張伯偉
張海鵬　葉繼元　葛劍雄　單霽翔　程章燦　程毅中　喬治忠　鄔書林
賀雲翱　詹福瑞　趙生群　廖可斌　熊月之　樊和平　劉　石　劉躍進
閻曉宏　錢小萍　戴　逸　韓天衡　嚴佐之　顧　薌

《蘇州全書》編纂出版委員會

主　任　金　潔　查穎冬

副主任　黃錫明　張建雄　王國平　羅時進

編　委（按姓名筆畫爲序）

丁成明　王　煒　王　寧　王忠良　王偉林　王稼句　王樂飛　尤建豐
卞浩宇　田芝健　朱　江　朱光磊　朱從兵　李　忠　李　軍　李　峰
李志軍　吳建華　吳恩培　余同元　沈　鳴　沈慧瑛　周生杰　查　焱
洪　曄　袁小良　徐紅霞　卿朝暉　高　峰　凌郁之　陳　潔　陳大亮
陳其弟　陳衛兵　陳興昌　孫　寬　孫中旺　黃啟兵　黃鴻山　接　曄
曹　煒　曹培根　張蓓蓓　程水龍　湯哲聲　蔡曉榮　臧知非　管傲新
齊向英　歐陽八四　潘志嘉　錢萬里　戴　丹　謝曉婷　鐵愛花

前言

中華文明源遠流長，文獻典籍浩如烟海。這些世代累積傳承的文獻典籍，是中華民族生生不息的文脉和根基。蘇州作爲首批國家歷史文化名城，素有『人間天堂』之美譽。自古以來，這裏的人民憑藉勤勞和才智，創造了極爲豐厚的物質財富和精神文化財富，使蘇州不僅成爲令人嚮往的『魚米之鄉』，更是實至名歸的『文獻之邦』，爲中華文明的傳承和發展作出了重要貢獻。

蘇州被稱爲『文獻之邦』由來已久，早在南宋時期，就有『吴門文獻之邦』的記載。宋代朱熹云：『文，典籍也；獻，賢也。』蘇州文獻之邦的地位，是歷代先賢積學修養、劬勤著述的結果。明人歸有光《送王汝康會試序》云：『吴爲人材淵藪，文字之盛，甲於天下。』朱希周《長洲縣重修儒學記》亦云：『吴中素稱文獻之邦，蓋子游之遺風在焉，士之嚮學，固其所也。』《江蘇藝文志·蘇州卷》收録自先秦至民國蘇州作者一萬餘人，著述達三萬二千餘種，均占江蘇全省三分之一强。古往今來，蘇州曾引來無數文人墨客駐足流連，留下了大量與蘇州相關的文獻。時至今日，蘇州仍有約百萬册的古籍留存，入選『國家珍貴古籍名録』的善本已達三百一十九種，位居全國同類城市前列。其中的蘇州鄉邦文獻，歷宋元明清，涵經史子集，寫本刻本，交相輝映。此外，散見於海内外公私藏家的蘇州文獻更是不可勝數。它們載録了數千年傳統文化的精華，也見證了蘇州曾經作爲中國文化中心城市的輝煌。

蘇州文獻之盛得益於崇文重教的社會風尚。春秋時代，常熟人言偃就北上問學，成爲孔子唯一的南方弟子。歸來之後，言偃講學授道，文開吴會，道啓東南，被後人尊爲『南方夫子』。西漢時期，蘇州人朱買臣負薪讀書，穹窿山中至今留有其『讀書臺』遺迹。兩晉六朝，以『顧陸朱張』爲代表的吴郡四姓涌現出大批文士，在不少學科領域都貢獻卓著。及至隋唐，蘇州大儒輩出，《隋書·儒林傳》十四人入傳，其中籍貫吴郡者二人；《舊唐書·儒學傳》三十四人入正傳，其中籍貫吴郡（蘇州）者五人。文風之盛可見一斑。北宋時期，范仲淹在家鄉蘇州首創州學，並延名師胡瑗等人教授生徒，此後縣學、書院、社學、義學等不斷興建，蘇州文化教育日益發展。故明人徐有貞云：『論者謂吾蘇也，郡甲天下之郡，學甲天下之學，人才甲天下之人才，偉哉！』在科舉考試方面，蘇州以鼎甲萃集爲世人矚目，清初汪琬曾自豪地將狀元稱爲蘇州的土産之一，有清一代蘇州狀元多達二十六位，占全國的近四分之一，由此而被譽爲『狀元之鄉』。近現代以來，蘇州在全國較早開辦新學，發展現代教育，涌現出顧頡剛、葉聖陶、費孝通等一批大師巨匠。中華人民共和國成立後，社會主義文化教育事業蓬勃發展，蘇州英才輩出、人文昌盛，文獻著述之富更勝於前。

蘇州文獻之盛受益於藏書文化的發達。蘇州藏書之風舉世聞名，千百年來盛行不衰，具有傳承歷史長、收藏品質高、學術貢獻大的特點，無論是卷帙浩繁的圖書還是各具特色的藏書樓，以及延綿不絶的藏書傳統，都成爲中華文化重要的組成部分。據統計，蘇州歷代藏書家的總數，高居全國城市之首。南朝時期，蘇州就出現了藏書家陸澄，藏書多達萬餘卷。明清兩代，蘇州藏書鼎盛，絳雲樓、汲古閣、傳是樓、百宋一廛、藝芸書舍、鐵琴銅劍樓、過雲樓等藏書樓譽滿海内外，彙聚了大量的珍貴文獻，對古代典籍的收藏保護厥功至偉，亦於文獻校勘、整理裨益甚巨。《舊唐書》自宋至明四百多年間已難以考覓，直至明嘉靖十七年（一五三八），聞人詮在蘇州爲官，搜討舊籍，方從吴縣王延喆家得《舊唐書》『紀』和『志』部分，從長洲張汴家得《舊唐書》『列傳』部分，『遺籍俱出宋時模板，旬月之間，二美璧合』，于是在蘇州府學中槧刊，《舊唐書》自此得以彙而成帙，復行於世。清代嘉道年間，蘇州黄丕烈和顧廣圻均爲當時藏書名家，且善校書，『黄跋顧校』在中國文獻史上影響深遠。

蘇州文獻之盛也獲益於刻書業的繁榮。蘇州是我國刻書業的發祥地之一，早在宋代，蘇州的刻書業已經發展到了相當高的水平，至今流傳的杜甫、李白、韋應物等文學大家的詩文集均以宋代蘇州官刻本爲祖本。宋元之際，蘇州磧砂延聖院還主持刊刻了中國佛教史上著名的《磧砂藏》。明清時期，蘇州成爲全國的刻書中心，所刻典籍以精善享譽四海，明人胡應麟有言：『凡刻之地有三，吴也、越也、閩也。』他認爲『其精，吴爲最』，『其直重，吴爲最』。又云：『余所見當今刻本，蘇常爲上，金陵次之，杭又次之。』清人金埴論及刻書，仍以胡氏所言三地爲主，則謂『吴門爲上，西泠次之，白門爲下』。明代私家刻書最多的汲古閣、清代坊間刻書最多的掃葉山房均爲蘇州人創辦，晚清時期頗有影響的江蘇官書局也設於蘇州。據清人朱彝尊記述，汲古閣主人毛晉『力搜秘册，經史而外，百家九流，下至傳奇小説，廣爲鏤版，由是毛氏鋟本走天下』。由於書坊衆多，蘇州還産生了書坊業的行會組織崇德公所。明清時期，蘇州刻書數量龐大，品質最優，裝幀最爲精良，爲世所公認，國内其他地區不少刊本也都冠以『姑蘇原本』，其傳播遠及海外。

蘇州傳世文獻既積澱着深厚的歷史文化底藴，又具有穿越時空的永恒魅力。從范仲淹的『先天下之憂而憂，後天下之樂而樂』，到顧炎武的『天下興亡，匹夫有責』，這種胸懷天下的家國情懷，早已成爲中華民族精神的重要組成部分，傳世留芳，激勵後人。南朝顧野王的《玉篇》，隋唐陸德明的《經典釋文》、陸淳的《春秋集傳纂例》等均以實證明辨著稱，對後世影響深遠。明清時期，馮夢龍的《喻世明言》《警世通言》《醒世恒言》，在中國文學史上掀起市民文學的熱潮，具有開創之功。吴有性的《温疫論》、葉桂的《温熱論》，開温病學研究之先河。蘇州文獻中蘊含的求真求實的嚴謹學風、勇開風氣之先的創新精神，已經成爲一種文化基因，融入了蘇州城市的血脉。不少蘇州文獻仍具有鮮明的現實意義。明代費信的《星槎勝覽》，是記載歷史上中國和海上絲綢之路相關國家交往的重要文獻。鄭若曾的《籌海圖編》和徐葆光的《中山傳信録》，爲釣魚島及其附屬島嶼屬於中國固有領土提供了有力證據。魏良輔的《南詞引正》、嚴澂的《松絃館琴譜》、計成的《園冶》，分别是崑曲、古琴及園林營造的標志性成果，這些藝術形式如今得以名列世界文化遺産，與上述名著的嘉惠滋養密不可分。

維桑與梓，必恭敬止；文獻流傳，後生之責。蘇州先賢向有重視鄉邦文獻整理保護的傳統。方志編修方面，范成大《吴郡志》爲方志創體，其後名志迭出，蘇州府縣志、鄉鎮志、山水志、寺觀志、人物志等數量龐大，構成相對完備的志書系統。地方總集方面，南宋鄭虎臣輯《吴都文粹》、明錢穀輯《吴都文粹續集》、清顧沅輯《吴郡文編》先後相繼，收羅宏富，皇皇可觀。常熟、太倉、崑山、吴江諸邑，周莊、支塘、木瀆、甪直、沙溪、平望、盛澤等鎮，均有地方總集之編。及至近現代，丁祖蔭彙輯《虞山叢刻》《虞陽説苑》，柳亞子等組織『吴江文獻保存會』，爲搜集鄉邦文獻不遺餘力。江蘇省立蘇州圖書館於一九三七年二月舉行的『吴中文獻展覽會』規模空前，展品達四千多件，並彙編出版吴中文獻叢書。然而，由於時代滄桑，圖書保藏不易，蘇州鄉邦文獻中『有目無書』者不在少數。同時，囿於多重因素，蘇州尚未開展過整體性、系統性的文獻整理編纂工作，許多文獻典籍仍處於塵封或散落狀態，没有得到應有的保護與利用，不免令人引以爲憾。

進入新時代，黨和國家大力推動中華優秀傳統文化的創造性轉化和創新性發展。習近平總書記强調，要讓收藏在博物館裏的文物、陳列在廣闊大地上的遺産、書寫在古籍裏的文字都活起來。二〇二二年四月，中共中央辦公廳、國務院辦公廳印發《關於推進新時代古籍工作的意見》，確定了新時代古籍工作的目標方向和主要任務，其中明確要求『加强傳世文獻系統性整理出版』。盛世修典，賡續文脉，蘇州文獻典籍整理編纂正逢其時。二〇二二年七月，中共蘇州市委、蘇州市人民政府作出編纂《蘇州全書》的重大决策，擬通過持續不斷努力，全面系統整理蘇州傳世典籍，着力開拓研究江南歷史文化，編纂出版大型文獻叢書，同步建設全文數據庫及共享平臺，將其打造爲彰顯蘇州優秀傳統文化精神的新陣地，傳承蘇州文明的新標識，展示蘇州形象的新窗口。

『睹喬木而思故家，考文獻而愛舊邦。』編纂出版《蘇州全書》，是蘇州前所未有的大規模文獻整理工程，是不負先賢、澤惠後世的文化盛事。希望藉此系統保存蘇州歷史記憶，讓散落在海内外的蘇州文獻得到挖掘利用，讓珍稀典籍化身千百，成爲認識和瞭解蘇州發展變遷的津梁，並使其中藴含的積極精神得到傳承弘揚。

觀照歷史，明鑒未來。我們沿着來自歷史的川流，承荷各方的期待，自應負起使命，砥礪前行，至誠奉獻，讓文化薪火代代相傳，並在守正創新中發揚光大，爲推進文化自信自强、豐富中國式現代化文化内涵貢獻蘇州力量。

《蘇州全書》編纂出版委員會

二〇二二年十二月

凡例

一、《蘇州全書》(以下簡稱『全書』)旨在全面系統收集整理和保護利用蘇州地方文獻典籍，傳播弘揚蘇州歷史文化，推動中華優秀傳統文化傳承發展。

二、全書收録文獻地域範圍依據蘇州市現有行政區劃，包含蘇州市各區及張家港市、常熟市、太倉市、崑山市。

三、全書着重收録歷代蘇州籍作者的代表性著述，同時適當收録流寓蘇州的人物著述，以及其他以蘇州爲研究對象的專門著述。

四、全書按收録文獻内容分甲、乙、丙三編。每編酌分細類，按類編排。

(一)甲編收録一九一一年及以前的著述。一九一二年至一九四九年間具有傳統裝幀形式的文獻，亦收入此編。按經、史、子、集四部分類編排。

(二)乙編收録一九一二年至二〇二一年間的著述。按哲學社會科學、自然科學、綜合三類編排。

(三)丙編收録就蘇州特定選題而研究編著的原創書籍。按專題研究、文獻輯編、書目整理三類編排。

五、全書出版形式分影印、排印兩種。甲編書籍全部采用繁體竪排；乙編影印類書籍，字體版式與原書一致；乙編排印類書籍和丙編書籍，均采用簡體横排。

六、全書影印文獻每種均撰寫提要或出版説明一篇，介紹作者生平、文獻内容、版本源流、文獻價值等情況。影印底本原有批校、題跋、印鑒等，均予保留。底本有漫漶不清或缺頁者，酌情予以配補。

七、全書所收文獻根據篇幅編排分册，篇幅適中者單獨成册，篇幅較大者分爲序號相連的若干册，篇幅較小者按類型相近原則數種合編一册。數種文獻合編一册以及一種文獻分成若干册的，頁碼均連排。各册按所在各編下屬細類及全書編目順序編排序號。

園冶

〔明〕計成 撰

據日本國立公文書館藏明崇禎七年（一六三四）刻本影印。

提要

《園冶》三卷，明計成撰。

計成（一五八二—？），字無否，號否道人。明吳江人。自叙早游燕楚，中歲歸吳，擇居潤州。少以繪名，最喜荆浩、關仝筆意。能詩，惜未見流傳。擅造園，有盛名，常州吳園、儀征寤園、揚州影園皆出其手。暇舉所得，綴以成文，題曰《園牧》，後更名《園冶》。

《園冶》撰成於明崇禎四年（一六三一），分三卷，附圖式若干。前有阮大鋮《冶叙》及計成《自序》，卷一爲興造論及園説之相地、立基、屋宇、裝折；卷二爲裝折之欄杆；卷三爲園説之門窗、墻垣、鋪地、掇山、選石、借景。其興造論、園説，總説造園楷則，其他各篇分叙造園之法，皆從園林藝術立論，以别於一般興造。各篇又立細目，條分縷析，嚴整有法。掇山一節，尤爲全書之精要。明季文人喜談構園，然造語率多輕易，膚廓空疏，陳陳相因。計成一掃積弊，轉虚入實，筆到意至，言出理隨，文字不足，則輔以圖式。故《園冶》爲文駢儷可誦，語多精警，如『巧於因借，精在體宜』『雖由人作，宛自天開』『構園無格，借景有因』等，求諸造園，皆不刊之論。計成造園，從心不從法，間架制度，多不拘定；結構布置，務取隨宜，窺《園冶》可見一斑。

《園冶》爲中國造園學經典文獻，亦堪稱世界造園史上最古名著，然自問世後，沉寂幾三百年。清代雖有翻刻，流傳絶少。至二十世紀三十年代初，始從日本抄出，遂流行海内，廣受推重。

《園冶》版本，有明崇禎七年（一六三四）初刻本，清隆盛堂翻刻《木經全書》本、華日堂《奪天工》鈔本，民國《喜咏軒叢書》本、營造學社本等。本次影印以日本國立公文書館藏明崇禎七年（一六三四）刻本爲底本，原書框高二十・一厘米，廣十三厘米。

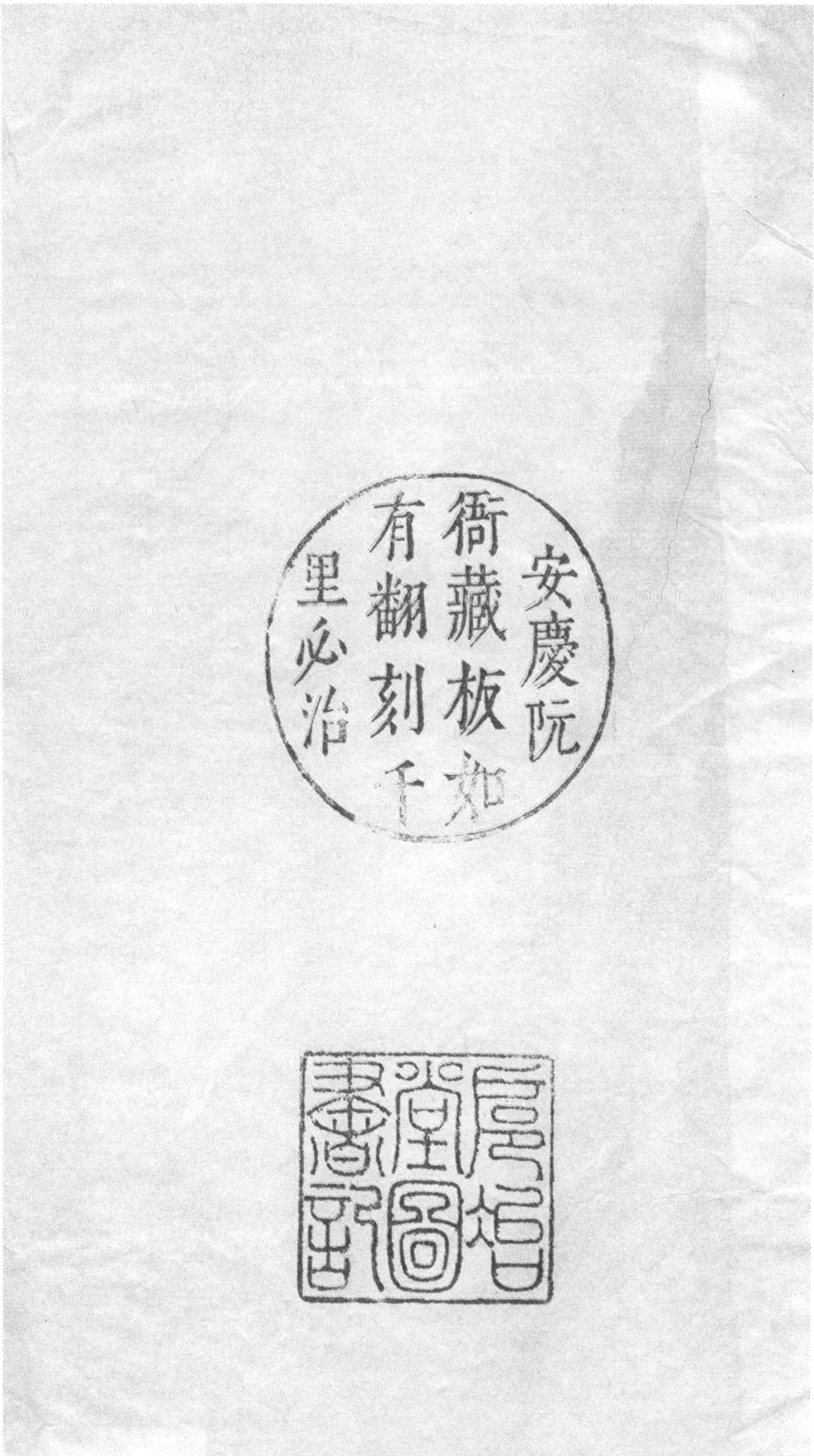
安慶阮衙藏板如有翻刻千里必治

冶叙

余少負向禽志苦爲小艸所紲幸見放謂此志可遂適四方多故而又不能違兩尊人菽

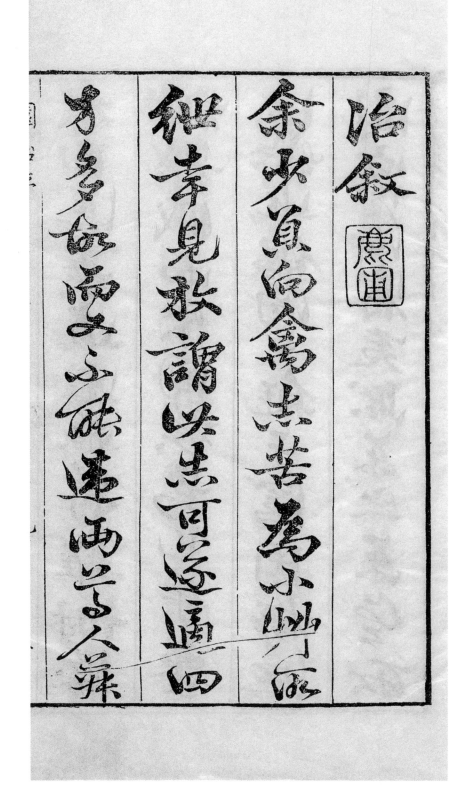

水臣從事道途遊將雛樹隊
柵影職兩覃國旗焉已手盦
江北近偶泊一艇于寤園柳涇
尚寓江宿吳照承之承以取

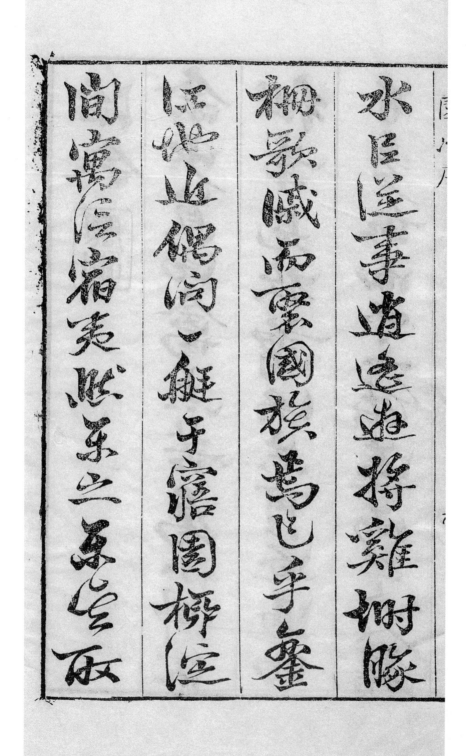

佳丘壑置諸籬落許北山
南嶺可無易地將嗤彼雲裝
煙駕者汗漫耳茲土有園〻
有冶〻之者松陵計無否而題

之治也吾友姑孰曹元甫也無否人最質直臆絕靈奇儂氣客習對之而盡所爲詩畫甚如其人宜乎元甫深嗜之予因剪蓬

蒿甌脫資營拳勺讀書鼓琴
其中勝日鳩杖板輿仙仙于止
予則五色衣歌紫芝曲進兕
觥為壽忻然將終其身甚哉

謝子三熊樂善者也亦引隔居
所計子于歌餘之生庭峯嵋
歐時臣賢元甫甫堂綻于
言

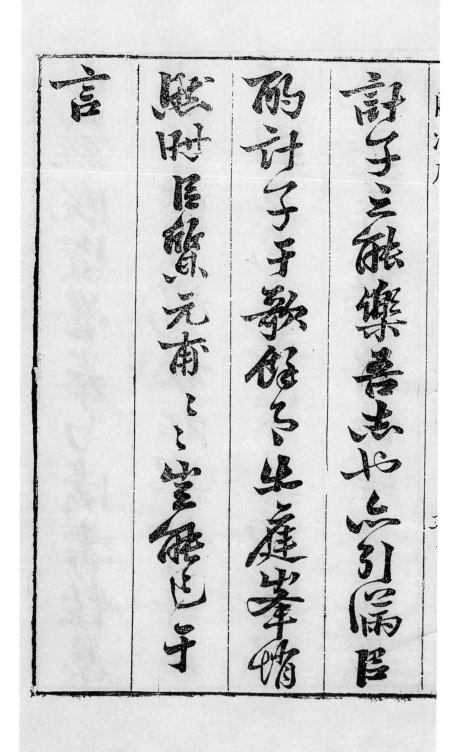

崇禎甲戌清和
届期園列敷
榮好鳥如友
遂援筆其下

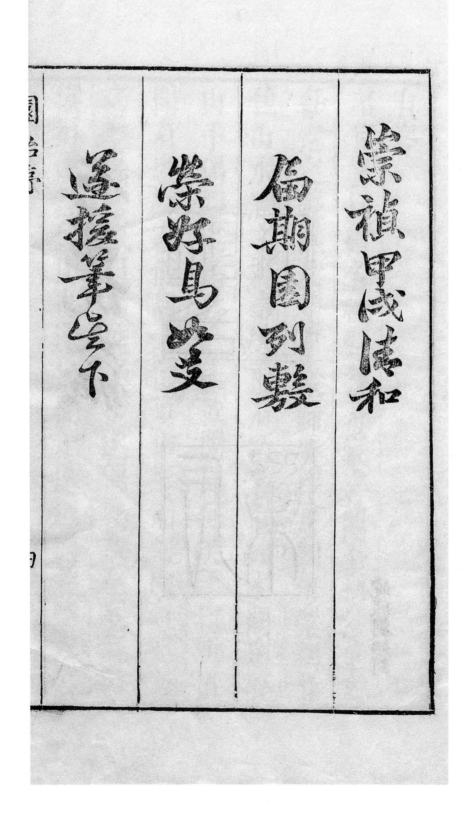

石巢阮大鋮

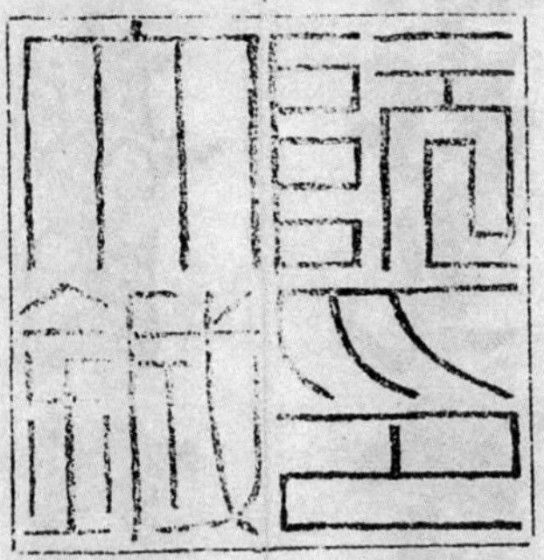

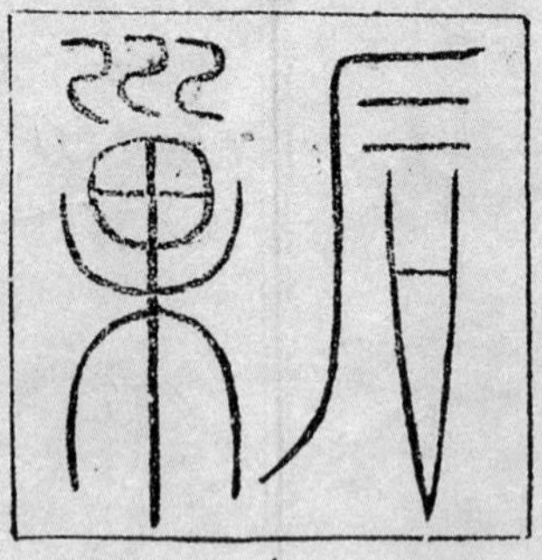

皖城劉炤刻

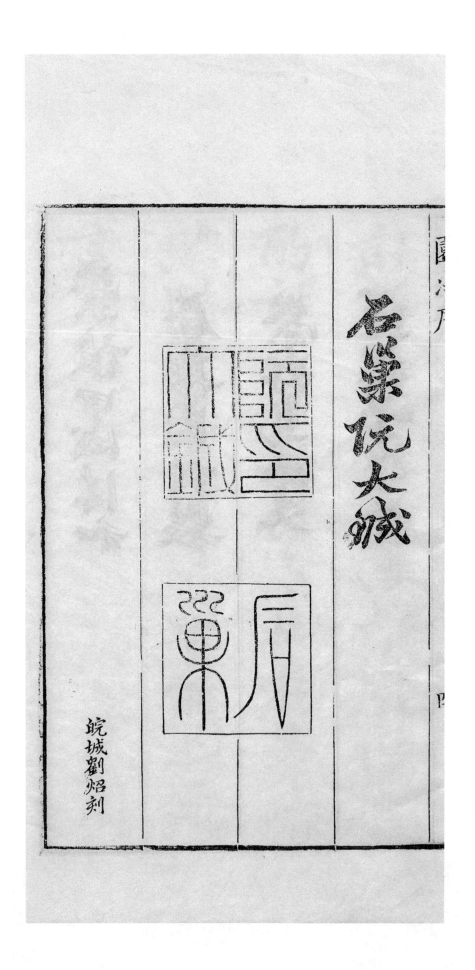

自序

不佞少以繪名性好搜奇最喜關仝荊浩筆意每宗之遊燕及楚中歲歸吳擇居潤州環潤皆佳山水潤之好事者取石巧者置竹木間爲假山予偶觀之爲發一笑或問曰何笑予曰世所聞有真斯有假胡不假真山形而假迎勾芒者之拳磊乎或曰君能之乎遂偶爲成壁覩觀者俱稱儼然佳山也遂播聞于遠近適晉陵方伯

吳又予公聞而招之公得基于城東乃元朝溫相故園僅十五畝公示予曰斯十畝爲宅餘五畝可效司馬溫公獨樂製予觀其基形最高而窮其源最深喬木參天虬枝拂地予曰此製不第宜掇石而高且宜搜土而下令喬木參差山腰蟠根嵌石宛若畫意依水而上構亭臺錯落池面篆壑飛廊想出意外落成公喜曰從進而出計步僅四里自得謂江南之勝惟吾獨收矣

別有小築片山斗室予胸中所蘊奇亦覺發抒畧盡益復自喜時汪士衡中翰延予鑾江西築似爲合志與又予公所搆竝騁南北江焉暇艸式所製名園牧爾姑孰曹元甫先生遊于茲主人偕予盤桓信宿先生稱讚不已以爲荆關之繪也何能成于筆底予遂出其式視先生先生曰斯千古未聞見者何以云牧斯乃君之開闢改之曰冶可矣

旹崇禎辛未之穐杪否道人暇于巵冶堂中題

園冶目錄卷之一

門樓基　書房基
亭榭基　廊房基
假山基

三屋宇

門樓　堂
齋　室
房　館
樓　臺
閣　亭

九架梁前後卷式　小五架梁式

地圖式　梅花亭地圖式

十字亭地圖式

四裝折

屏門　仰塵

戻槅　風窗

長槅式　短槅式

槅欞式　計四十二樣　束腰式　計八樣

風窗式　計玖樣

園冶

興造論

松陵計　成無否父著

世之興造專主鳩匠獨不聞三分匠七分主人之諺乎非主人也能主之人也古公輸巧陸雲精藝其人豈執斧斤者哉若匠惟雕鏤是巧排架是精一梁一柱定不可移俗以無竅之人呼之甚確也故凡造作必先相地立基然後定其間進量其廣狹隨曲合方是在主者能玅扵得

體合宜未可拘率假如基地偏缺隣嵌何必欲
求其齊其屋架何必拘三五間爲進多少半間
一广自然雅稱斯所謂主人之七分也苐園築
之主猶須什九而用匠什一何也園林巧于因
借精在體宜愈非匠作可爲亦非主人所能自
主者須求得人當要節用因者隨基勢高下體
形之端正礙木刪椏泉流石注互相借資宜亭
斯亭宜榭斯榭不妨偏逕頃置婉轉斯謂精而
合宜者也借者園雖别內外得景則無拘遠近

晴巒聳秀紺宇凌空極目所至俗則屏之嘉則收之不分町畽盡爲煙景斯所謂巧而得體者也體宜因借匪得其人兼之惜費則前工并棄郎有後起之輸雲何傳于世予亦恐浸失其源聊繪式于後爲好事者公焉

園說

凡結林園無分村郭地偏爲勝開林擇剪蓬蒿景到隨機在澗共修蘭芷徑緣三益業擬千秋圍墻隱約于蘿間架屋蜿蜒于木末山樓凭遠

縱目皆然竹塢尋幽醉心郎是軒楹高爽窗戶
虛鄰納千頃之汪洋收四時之爛熳梧陰匝地
槐蔭當庭插柳沿堤栽梅遶屋結茅竹里濬一
派之長源障錦山屏列千尋之聳翠雖繇人作
宛自天開刹宇隱環窗彷彿片圖小李巖巒堆
劈石參差半壁大癡蕭寺可以卜鄰梵音到耳
遠峯偏宜借景秀色堪飡紫氣青霞鶴聲送來
枕上白蘋紅蓼鷗盟同結磯邊看山上箇籃輿
問水拖條櫪杖斜飛堞雉橫跨長虹不羨摩詰

輞川何數季倫金谷一灣僅於消夏百畝豈爲藏春養鹿堪遊種魚可捕涼亭浮白冰調竹樹風生暖閣偎紅雪煮爐鐺濤沸渴吻消盡煩頊開除夜雨芭蕉似雜鮫人之泣淚曉風楊柳若翻蠻女之纖腰移竹當窗分梨爲院溶溶月色瑟瑟風聲靜擾一榻琴書動涵半輪秋水清氣覺來几席凡塵頓遠襟懷窗牖無拘隨宜合用欄杆信畫因境而成製式新番裁除舊套大觀不足小築允宜

一相地

園基不拘方向地勢自有高低涉門成趣得景隨形或傍山林欲通河沼探奇近郭遠來往之通衢選勝落村藉參差之深樹村庄眺野城市便家新築易乎開基秖可栽楊移竹舊園妙於翻造自然古木繁花如方如圓似偏似曲如長彎而環璧似偏闊以鋪雲高方欲就亭臺低凹可開池沼卜築貴從水面立基先究源頭疏源之去繇察水之來歷臨溪越地虛閣堪支夾巷

借天浮廊可度倘嵌他人之勝有一線相通非爲間絕借景偏宜若對隣氏之花纔幾分消息可以招呼收春無盡駕橋通隔水別館堪圖聚石壘圍墻居山可擬多年樹木礙築簷垣讓一步可以立根斫數椏不妨封頂斯謂雕棟飛楹搆易蔭槐挺玉成難相地合宜搆園得體

山林地

園地惟山林最勝有高有凹有曲有深有峻而懸有平而坦自成天然之趣不煩人事之工入

奥疏源就低鑿水搜土開其穴麓培山接以房廊簇樹參天樓閣礙雲霞而出没繁花覆地亭臺突池沼而參差絕澗安其梁飛巖假其棧閒閒即景寂寂探春好鳥要朋羣麋偕侶檻逗幾番花信門灣一帶溪流竹里通幽松寮隱僻送濤聲而鬱鬱起鶴舞而翩翩階前自掃雲嶺上誰鋤月千巒環翠萬壑流青欲藉陶輿何緣謝屐

城市地

市井不可園也如園之必向幽偏可築鄰雖近俗門掩無譁開徑逶迤竹木遥飛疊雉臨濠蜒蜿柴荊横引長虹院廣堪梧堤灣宜柳别難成墅兹易爲林架屋隨基濬水堅之石麓安亭得景蒔花笑以春風虚閣蔭桐清池涵月洗出千家煙雨移将四壁圖書素入鏡中飛練青來郭外環屏芍藥宜欄薔薇未架不妨凭石最厭編屏未久重修安垂不朽片山多致寸石生情窗虚蕉影玲瓏巖曲松根盤礴足徵市隱猶勝巢

居能爲閙處尋幽胡舍近方圖遠得閒即詣隨
興携遊

村庄地

古云樂田園者居於畎畝之中今耽丘壑者選
村庄之勝團團籬落處處桑麻鑿水爲濠挑堤
種柳門樓知稼廊廡連芸約十畝之基須開池
者三曲折有情疏源正可餘七分之地爲壘土
者四高卑無論栽竹相宜堂虛綠野猶開花隱
重門若掩掇石莫知山假到橋若謂津通桃李

成蹊樓臺入畫圍墻編棘竇留山犬迎人曲徑遶籬苔破家童掃葉秋老蜂房未割西成鶴廪先支安閒莫管稻糧謀沽酒不辭風雪路歸林得意老圃有餘

郊野地

郊野擇地依乎平岡曲塢疊隴喬林水濬通源橋横跨水去城不數里而往來可以任意若爲快也諒地勢之蹊䠱得基局之大小圍知版築構擬習池開荒欲引長流摘景全留雜樹搜根

懼水理頑石而堪支引蔓通津緣飛梁而可度風生寒峭溪灣柳間栽桃月隱清微屋遶梅餘種竹似多幽趣更入深情兩三間曲盡春藏一二處堪爲暑避隔林鳩喚雨斷岸馬嘶風花落呼童竹深留客任看主人何必問還要姓字不須題湏陳風月清音休犯山林罪過韻人安褻俗筆偏塗

傍宅地

宅傍與後有隙地可葺園不第便于樂閒斯謂

護宅之佳境也開池濬壑理石挑山設門有待
來賓留徑可通爾室竹修林茂柳暗花明五畝
何拘且效温公之獨樂四時不謝宜偕小玉以
同遊日竟花朝宵分月夕家庭侍酒須開錦幛
之藏客集徵詩量罰金谷之數多方題詠薄有
洞天常餘半榻琴書不盡數竿烟雨磵戸若爲
止靜家山何必求深宅遺謝朓之高風嶺劃孫
登之長嘯探梅虛蹇煮雪當姬輕身尚寄玄黄
具眼胡分青白固作千年事寧知百歲人足矣

樂閒悠然護宅

江湖地

江干湖畔深栁疎蘆之際畧成小築足徵大觀也悠悠烟水澹澹雲山泛泛漁舟閒閒鷗鳥漏層陰而藏閣迎先月以登臺拍起雲流觴飛霞竚何如緱嶺堪諧子晉吹簫欲擬瑤池若待穆王侍宴尋閒是福知享即僊

二立基

凡園圃立基定廳堂爲主先乎取景妙在朝南倘有喬木數株僅就中庭一二築垣須廣空地多存任意爲持聽從排布擇成館舍餘構亭臺格式隨宜栽培得致選向非拘宅相安門須合廳方開土堆山沿池駁岸曲曲一灣柳月濯魄清波遥遥十里荷風遞香幽室編籬種菊因之陶令當年鋤嶺栽梅可竝庾公故跡尋幽移竹對景蒔花桃李不言似通津信池塘倒影擬入

籞宮一派涵秋重陰結夏疏水若爲無盡斷處通橋開林須酌有因按時架屋房廊蜒蜿樓閣崔巍動江流天地外之情合山色有無中之句適興平蕪眺遠壯觀喬嶽瞻遙高阜可培低方宜穵

廳堂基

廳堂立基古以五間三間爲率須量地廣窄四間亦可四間半亦可再不能展舒三間半亦可深奥曲折通前達後全在斯半間中生出幻境

也凡立園林必當如式

樓閣基

樓閣之基依次序定在廳堂之後何不立半山半水之間有二層三層之說下望上是樓山半擬爲平屋更上一層可窮千里目也

門樓基

園林屋宇雖無方向惟門樓基要依廳堂方向合宜則立

書房基

園冶　卷一

書房之基立于園林者無拘内外擇偏僻處隨
便通園令遊人莫知有此内構齋館房室借外
景自然幽雅深得山林之趣如另築先相基形
方圓長扁廣闊曲狹勢如前廳堂基餘半間中
自然深奥或樓或屋或廊或榭按基形式臨機
應變而立

亭榭基

花間隱榭水際安亭斯園林而得致者惟榭止
隱花間亭胡拘水際通泉竹里按景山顛或翠

筠茂密之阿蒼松蟠鬱之麓或假濠濮之上入想觀魚倘支滄浪之中非歌濯足亭安有式基立無憑

廊房基

廊基未立地局先留或餘屋之前後漸通林許躡山腰落水面任高低曲折自然斷續蜿蜒園林中不可少斯一斷境界

假山基

假山之基約大半在水中立起先量頂之高大

纔定基之淺深掇石須知占天圍土必然占地

最忌居中更宜散漫

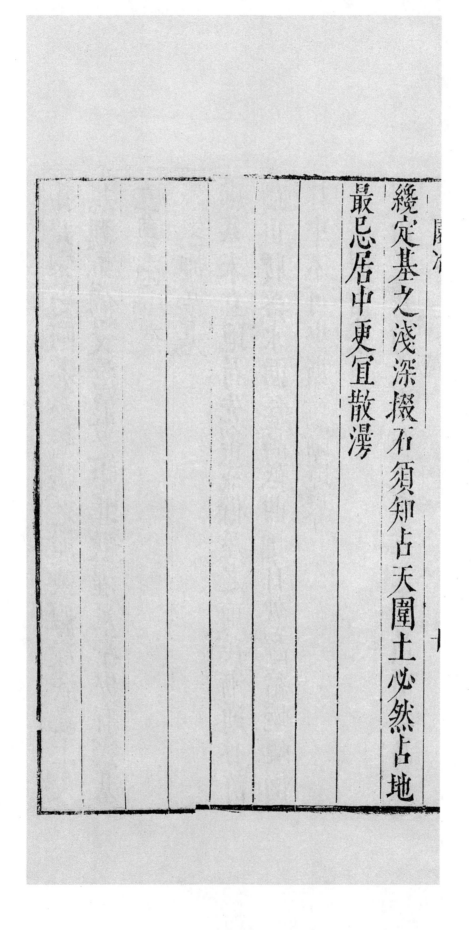

三屋宇

凡家宅住房五間三間循次第而造惟園林書屋一室半室按時景爲精方向隨宜鳩工合見家居必論野築惟因雖廳堂俱一般近臺榭有別致前添敞卷後進餘軒必用重椽須支草架高低依製左右分爲當簷最礙兩廂庭除恐窄落步但加重廡階砌猶深升拱不讓雕鸞門枕胡爲鏤鼓時遵雅朴古摘端方畫彩雖佳木色加之青綠雕鏤易俗花空嵌以僊禽長廊一帶

迴旋在豎柱之初玅於變幻小屋數椽委曲究安門之當理及精微奇亭巧榭構分紅紫之叢層閣重樓迥出雲霄之上隱現無窮之態招搖不盡之春檻外行雲鏡中流水洗山色之不去送鶴聲之自來境傲瀛壺天然圖畫意盡林泉之癖樂餘園圃之間一鑒能爲千秋不朽堂占太史亭問草玄非及雲藝之臺樓且操般門之斤斧探奇合志常套俱裁

門樓

門上起樓象城堞有樓以壯觀也無樓亦呼之

堂

古者之堂自半已前虛之爲堂堂者當也謂當正向陽之屋以取堂堂高顯之義

齋

齋較堂惟氣藏而致歛有使人肅然齋敬之義蓋藏修密處之地故式不宜敞顯

室

古云自半已前實爲室尚書有壤室左傳有窟

園冶　卷一

室文選載旋室㛹娟以窈窕指曲室也

房

釋名云房者防也防密內外以爲寢闥也

館

散寄之居曰館可以通別居者今書房亦稱館客舍爲假館

樓

說文云重屋曰樓爾雅云俠而脩曲爲樓言窗牖虛開諸孔樓樓然也造式如堂高一層者是

也

臺

釋名云臺者持也言築土堅高能自勝持也園林之臺或掇石而高上平者或木架高而版平無屋者或樓閣前出一步而敞者俱爲臺

閣

閣者四阿開四牖漢有麒麟閣唐有凌烟閣等皆是式

亭

園冶　卷一

釋名云亭者停也所以停憩遊行也司空圖有休休亭本此義造式無定自三角四角五角梅花六角橫圭八角至十字隨意合宜則製惟地圖可略式也

榭

釋名云榭者藉也藉景而成者也或水邊或花畔制亦隨態

軒

軒式類車取軒軒欲舉之意宜置高敞以助勝

則稱

卷

卷者廳堂前欲寛展所以添設也或小室欲異人字亦爲斯式惟四角亭及軒可並之

广

古云因岩爲屋曰广蓋借岩成勢不成完屋者爲广

廊

廊者廡出一步也宜曲宜長則勝古之曲廊俱

曲尺曲今予所搆曲廊之字曲者隨形而彎依勢而曲或蟠山腰或窮水際通花渡壑蜿蜒無盡斯寤園之篆雲也予見潤之甘露寺數間高下廊傳説魯般所造

五架梁

五架梁乃廳堂中過梁也如前後各添一架合七架梁列架式如前添卷必須草架而軒敞不然前簷深下内黑暗者斯故也如欲寬展前再添一廊又小五架梁亭榭書樓可搆將後童柱

換長柱可裝屏門有別前後或添廊亦可

七架梁

七架梁凡屋之列架也如廳堂列添卷亦用草架前後再添一架斯九架列之活法如造樓閣先筭上下簷數然取柱料長許中加替木

九架梁

九架梁屋巧於裝折連四五六間可以面東西南北或隔三間兩間一間半間前後分爲須用復水重椽觀之不知其所或嵌樓於上斯巧妙

處不能盡式止可相機而用非拘一者

草架

草架乃廳堂之必用者凡屋添卷用天溝且費事不耐久故以草架表裡整齊向前爲廳向後爲樓斯草架之玅用也不可不知

重椽

重椽草架上椽也乃屋中假屋也凡屋隔分不仰頂用重椽復水可觀惟廊構連屋或構倚墻一披而下斷不可少斯

磨角

磨角如殿閣擸角也閣四敞及諸亭決用如亭之三角至八角各有磨法盡不能式是自得一番機構如廳堂前添廊亦可磨角當量宜

地圖

凡匠作止能式屋列圖式地圖者鮮矣夫地圖者主匠之合見也假如一宅基欲造幾進先以地圖式之其進幾間用幾柱着地然後式之列圖如屋欲造巧妙先以斯法以便爲也

五架過梁式

前或添卷後添架

合成七架列

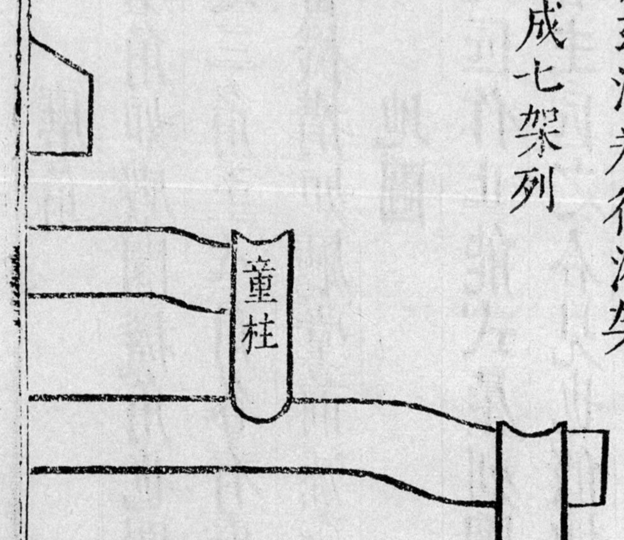

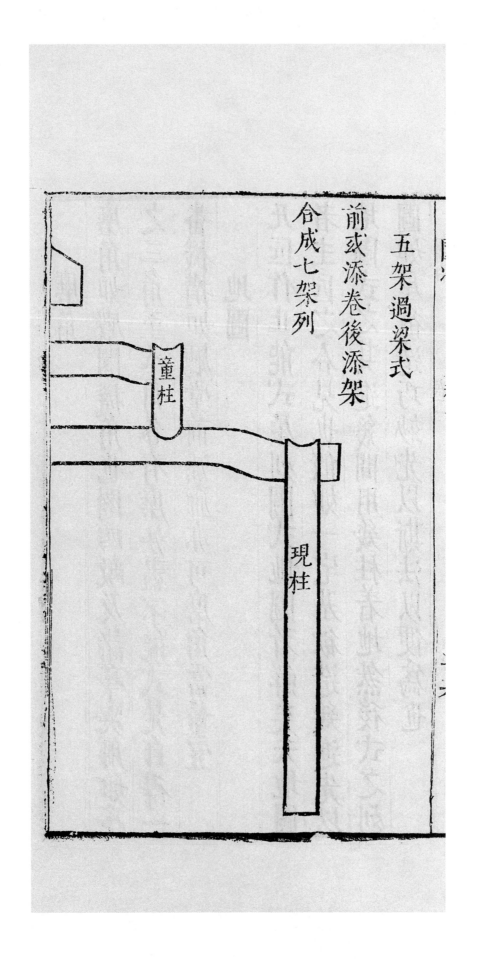

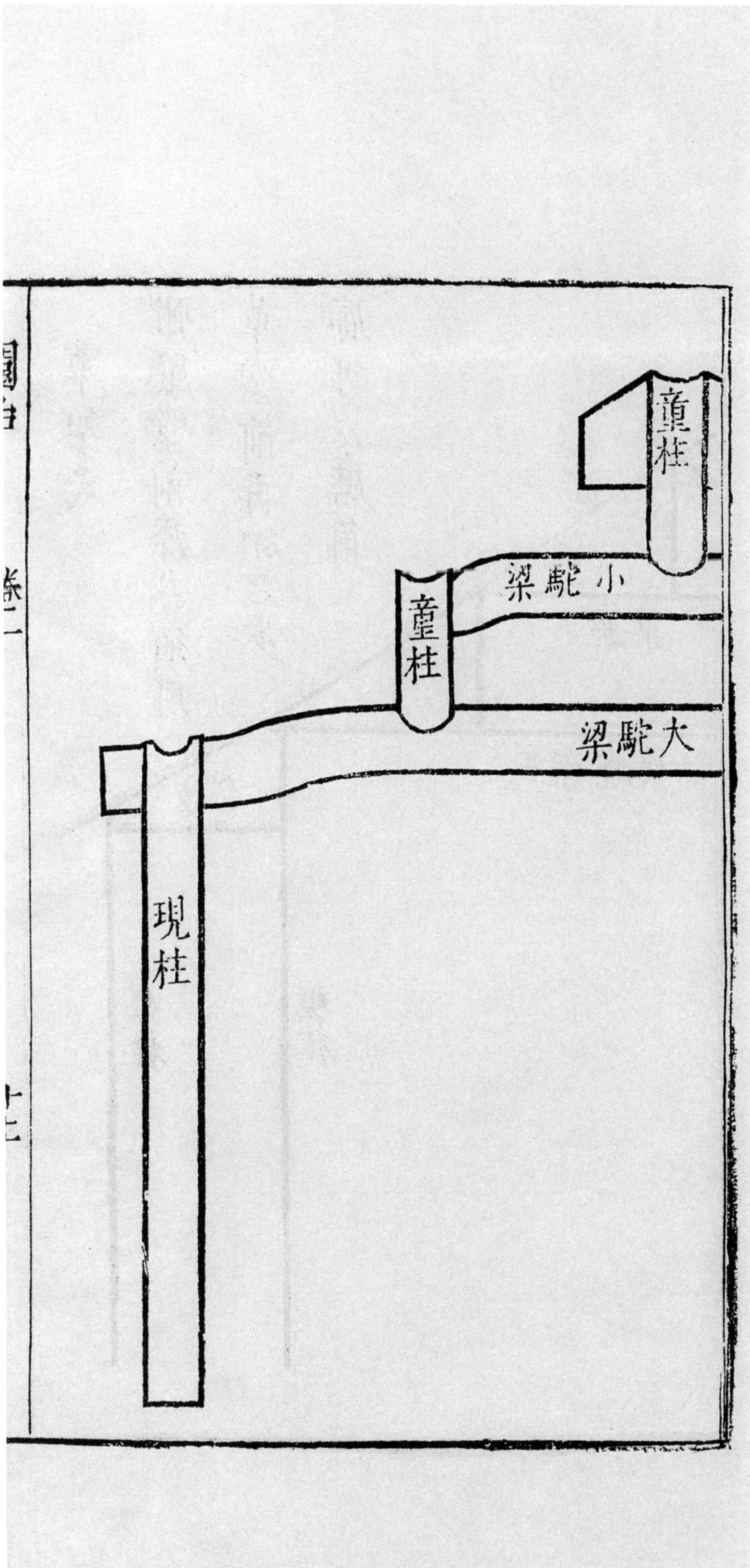
童柱
小駝梁
童柱
大駝梁
現柱

草架式
惟廳堂前添卷須用
草架前再架之步
廊可以磨角

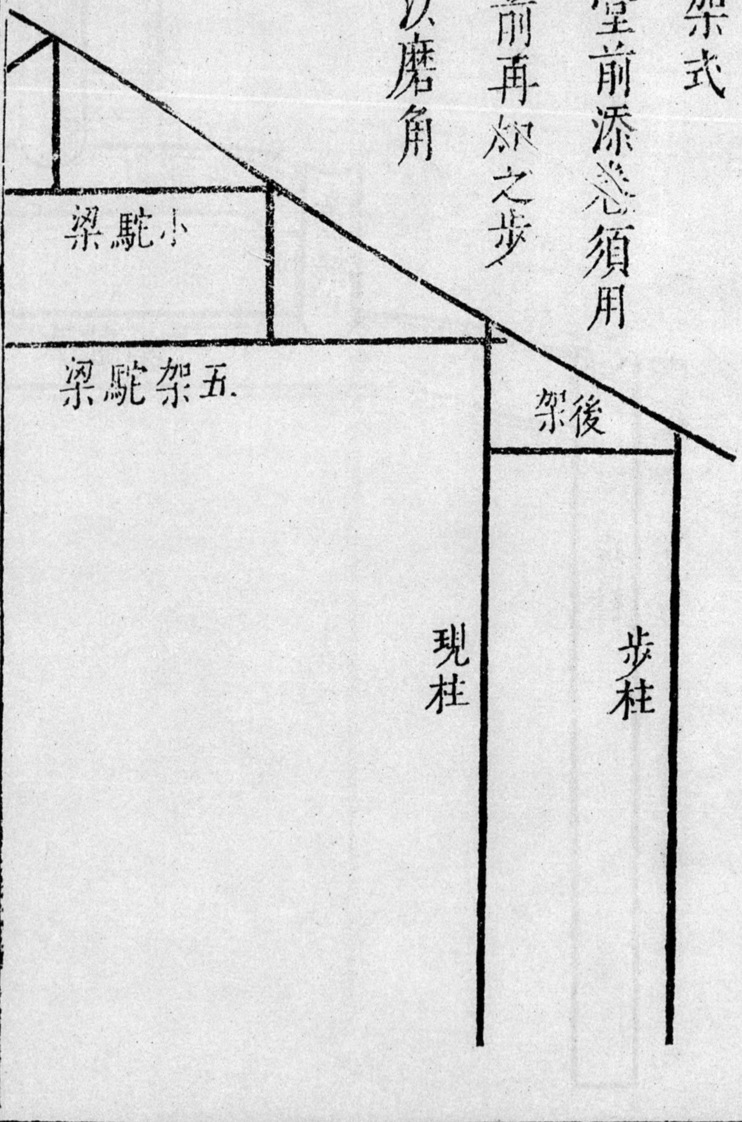

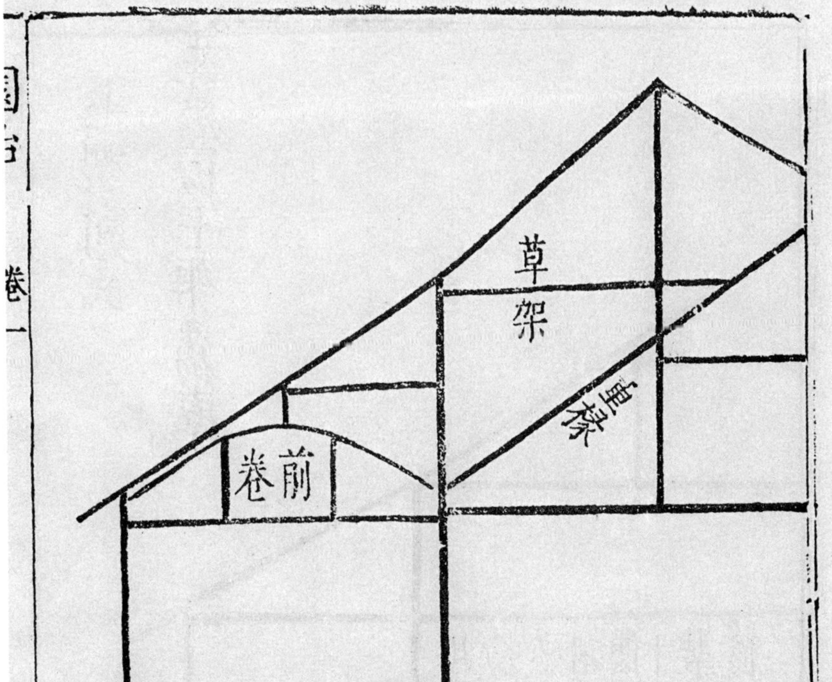
園冶
卷一
草架
重椽
前卷
步柱
現柱

七架列式

凡屋以七架爲率

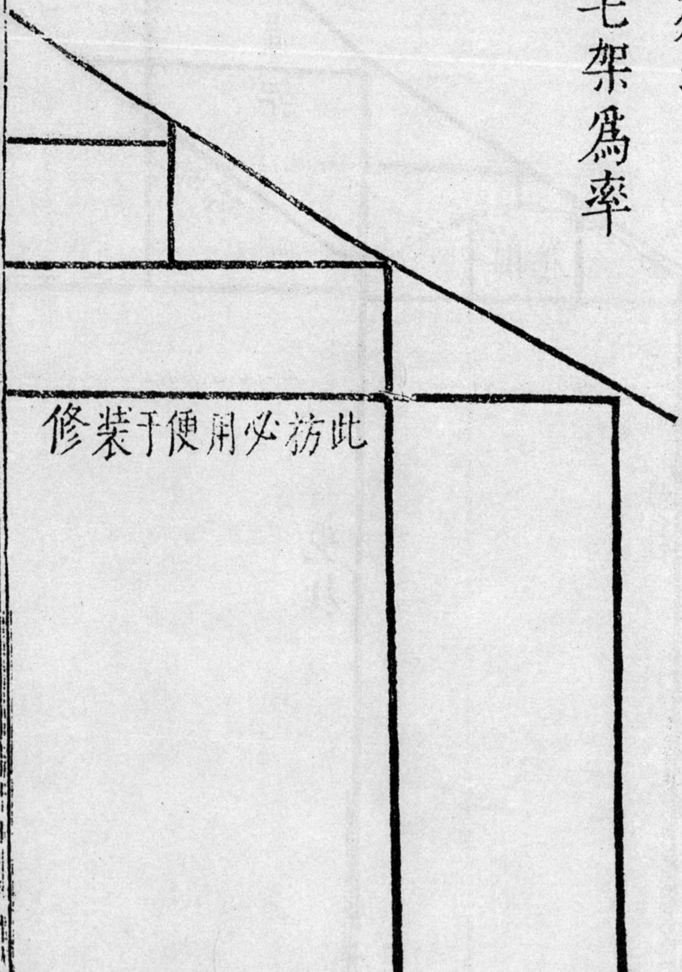

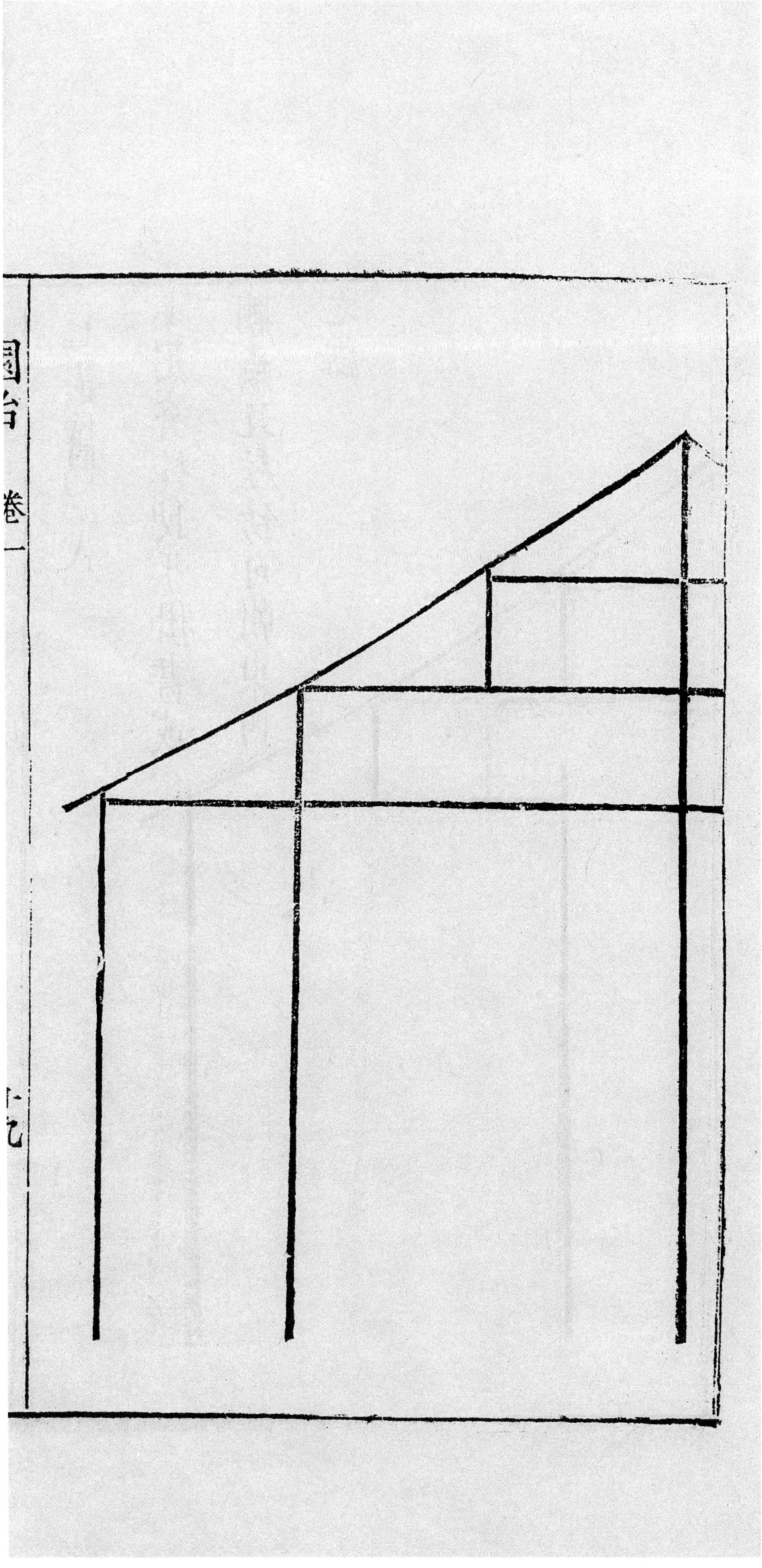
園冶
卷一

七架醬架式

不用脊柱便于掛畫或

朝南北屋傍可朝東西

之法

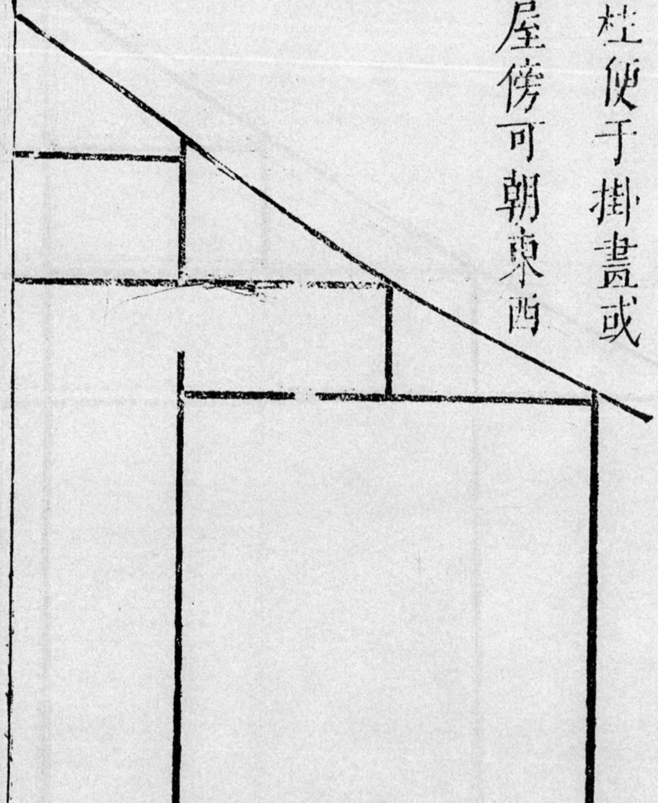

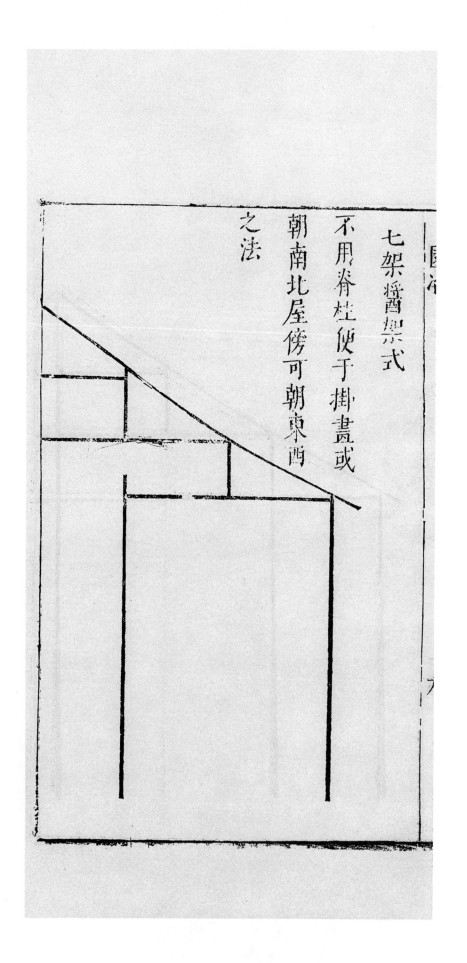

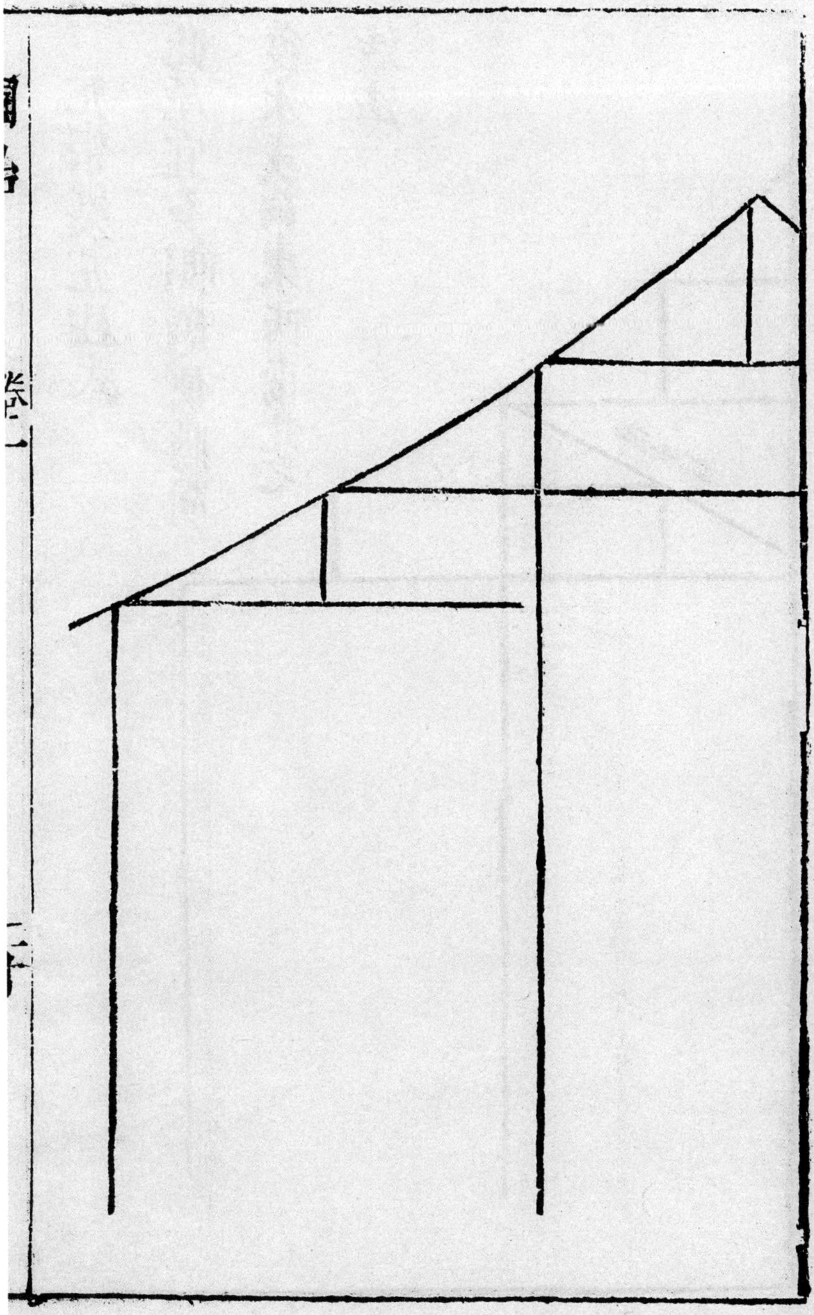

九架梁五柱式

此屋宜多間隨便隔間

復水或向東西南北之

活法

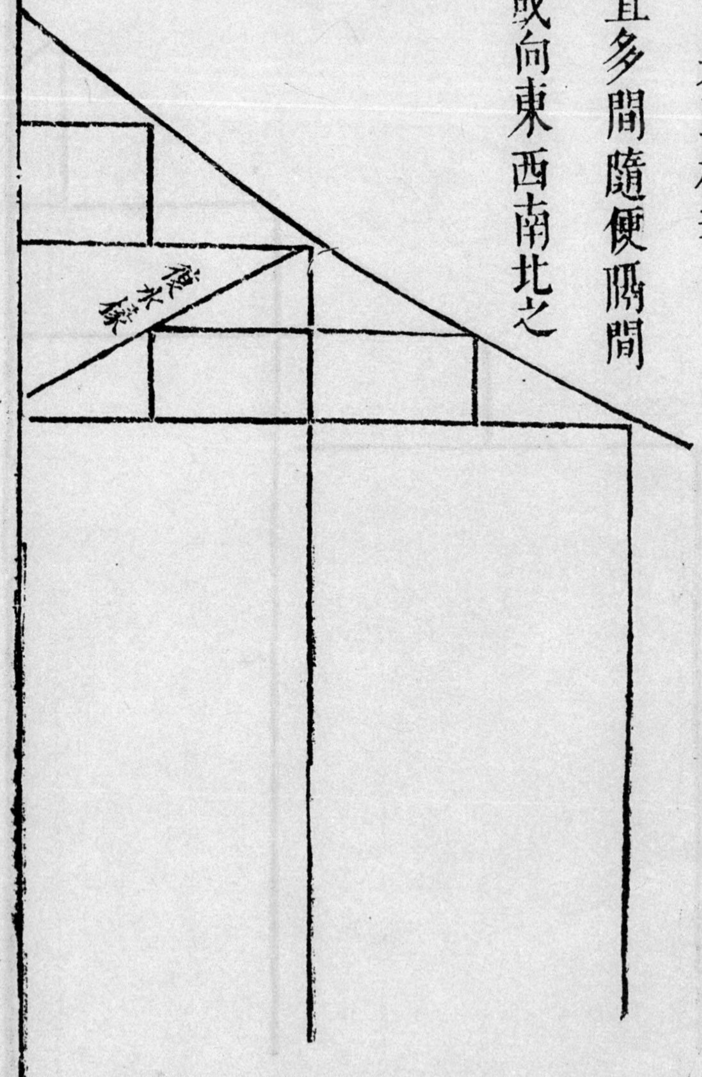

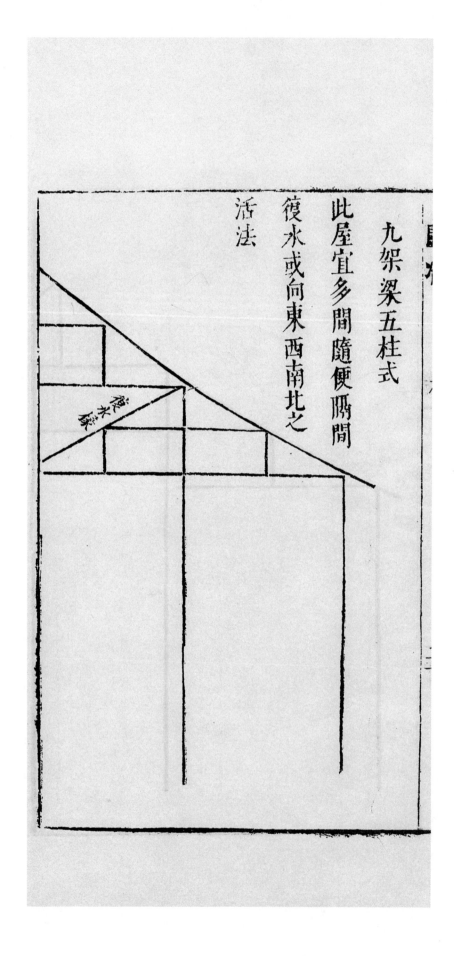

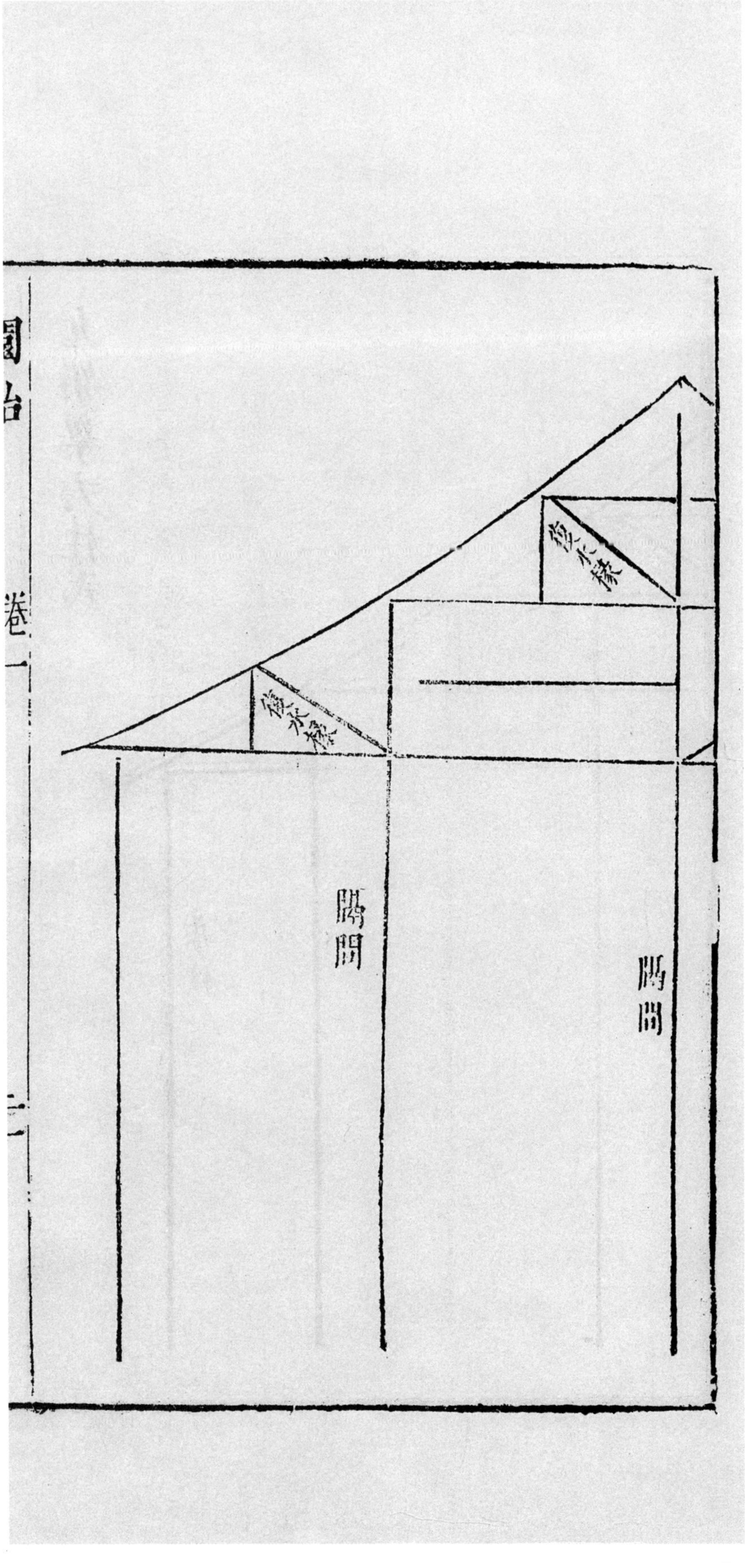
園冶
卷一
三

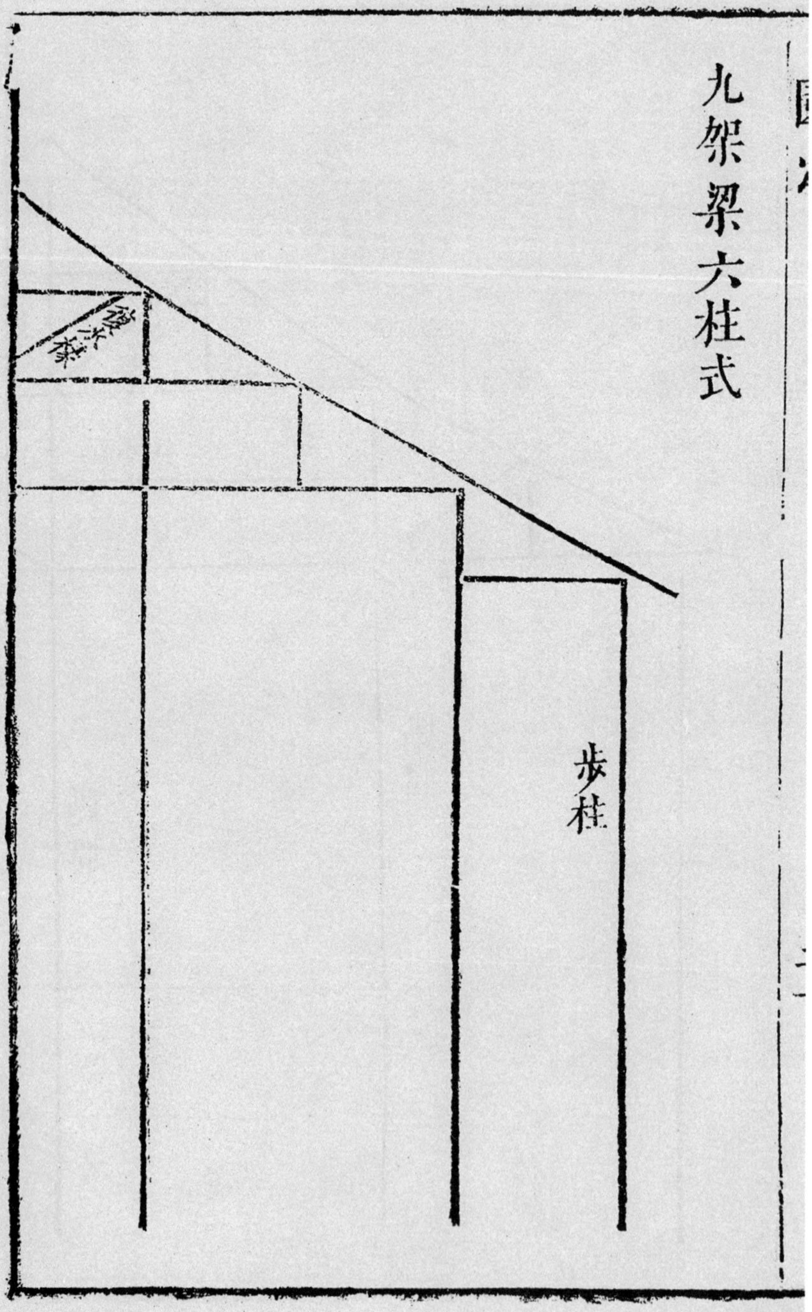
九架梁六柱式
步柱

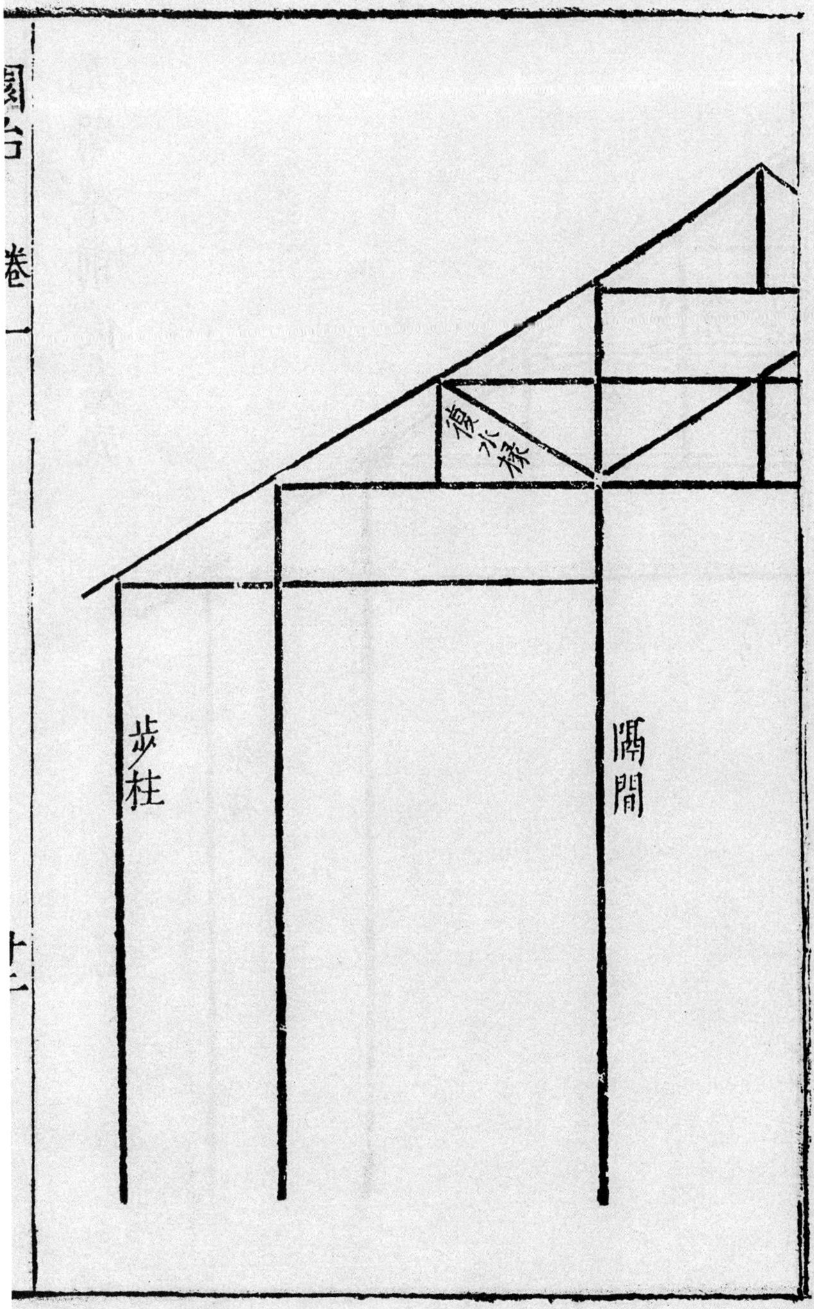
復水椽
步柱
隔間

九架梁前後卷式

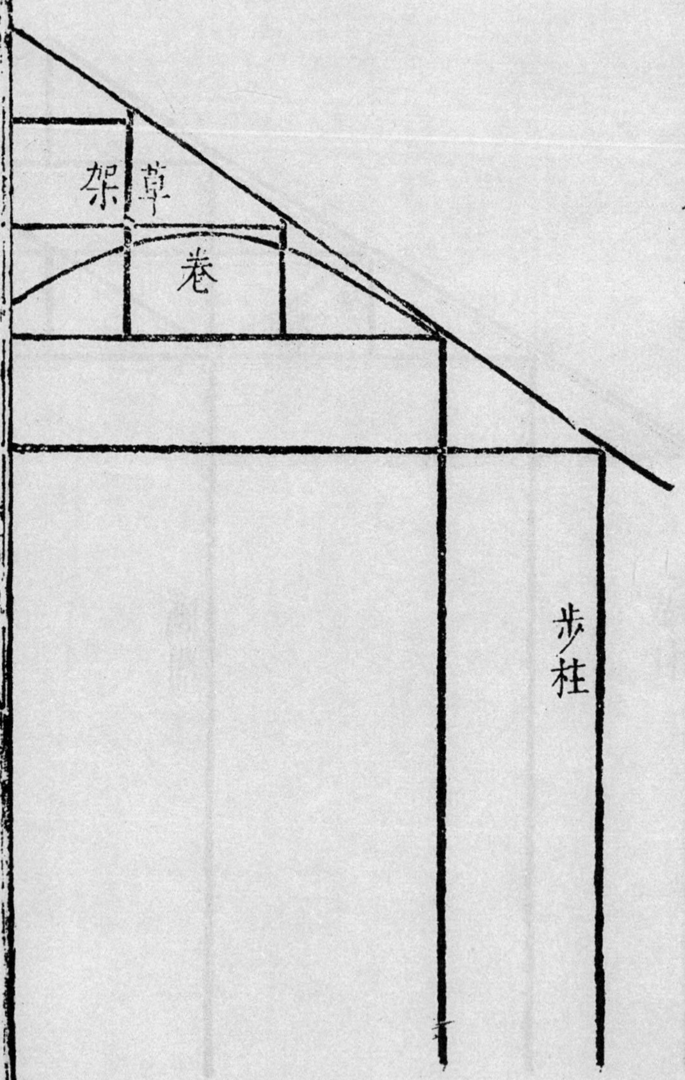

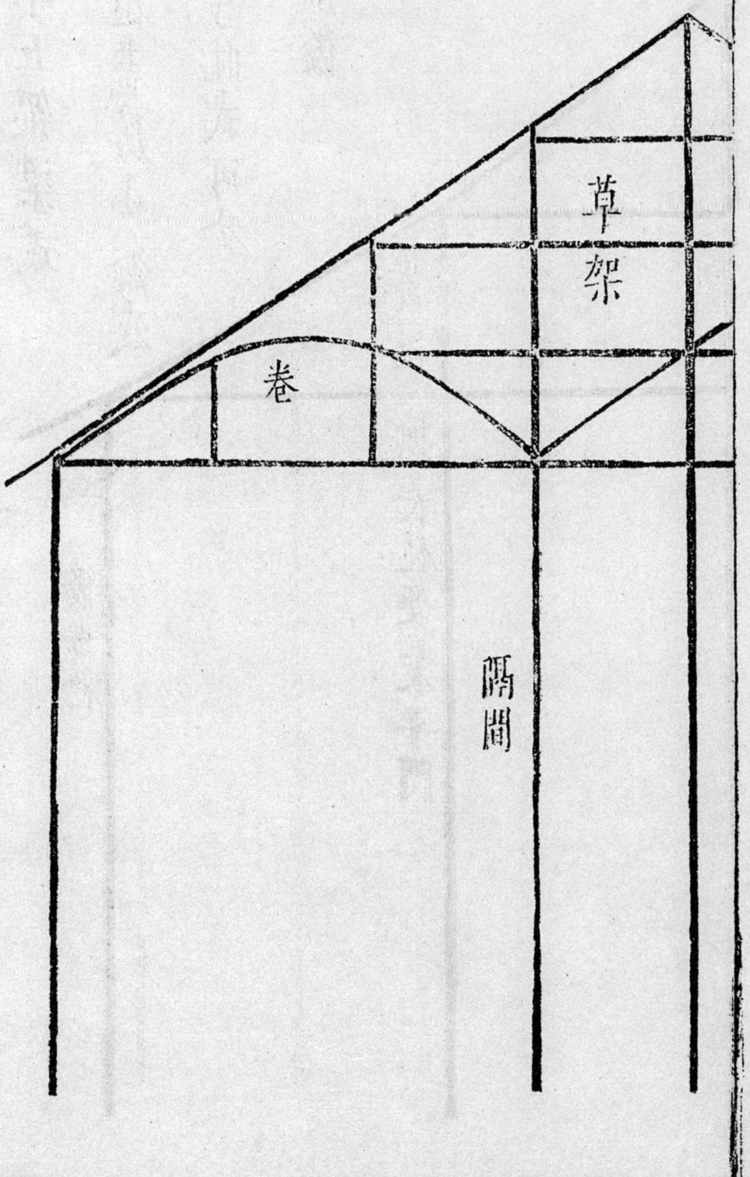
草架
卷
隔間

小五架梁式

凡造書房小齋或亭此式可分前後

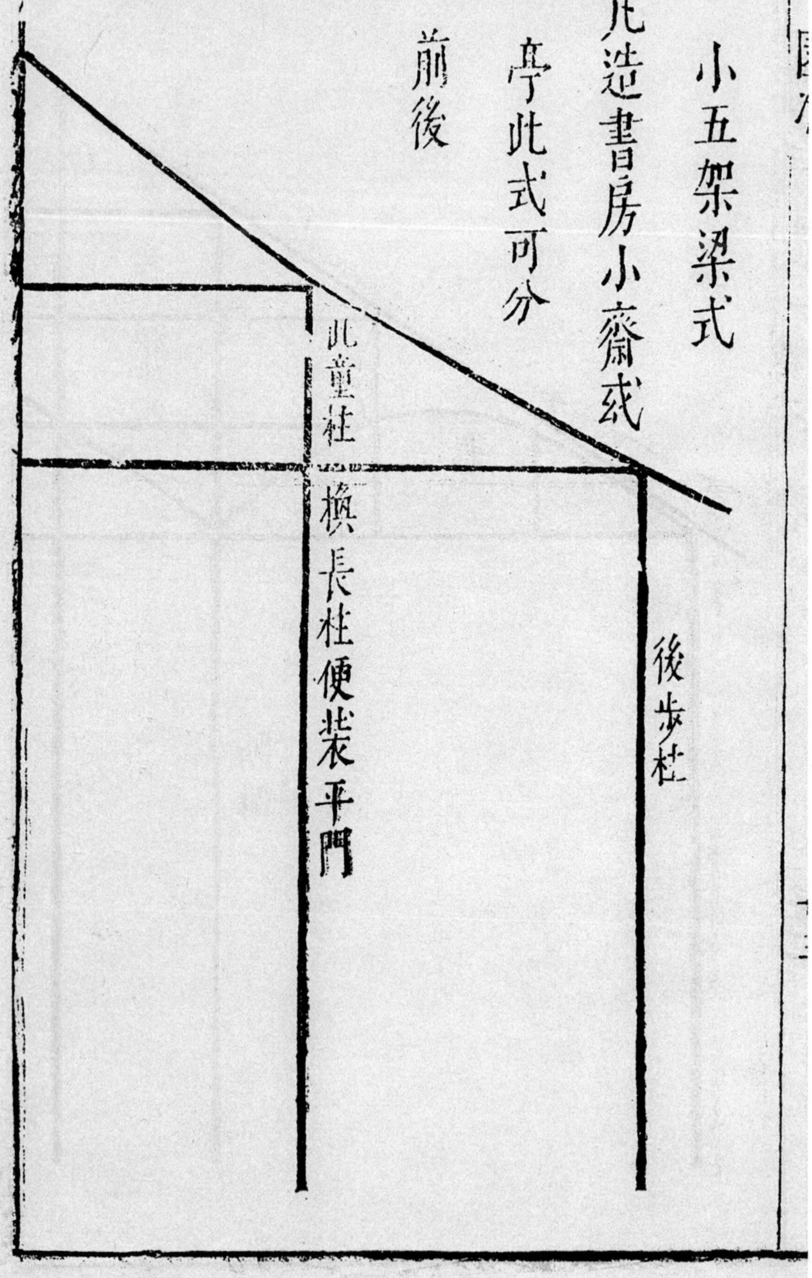

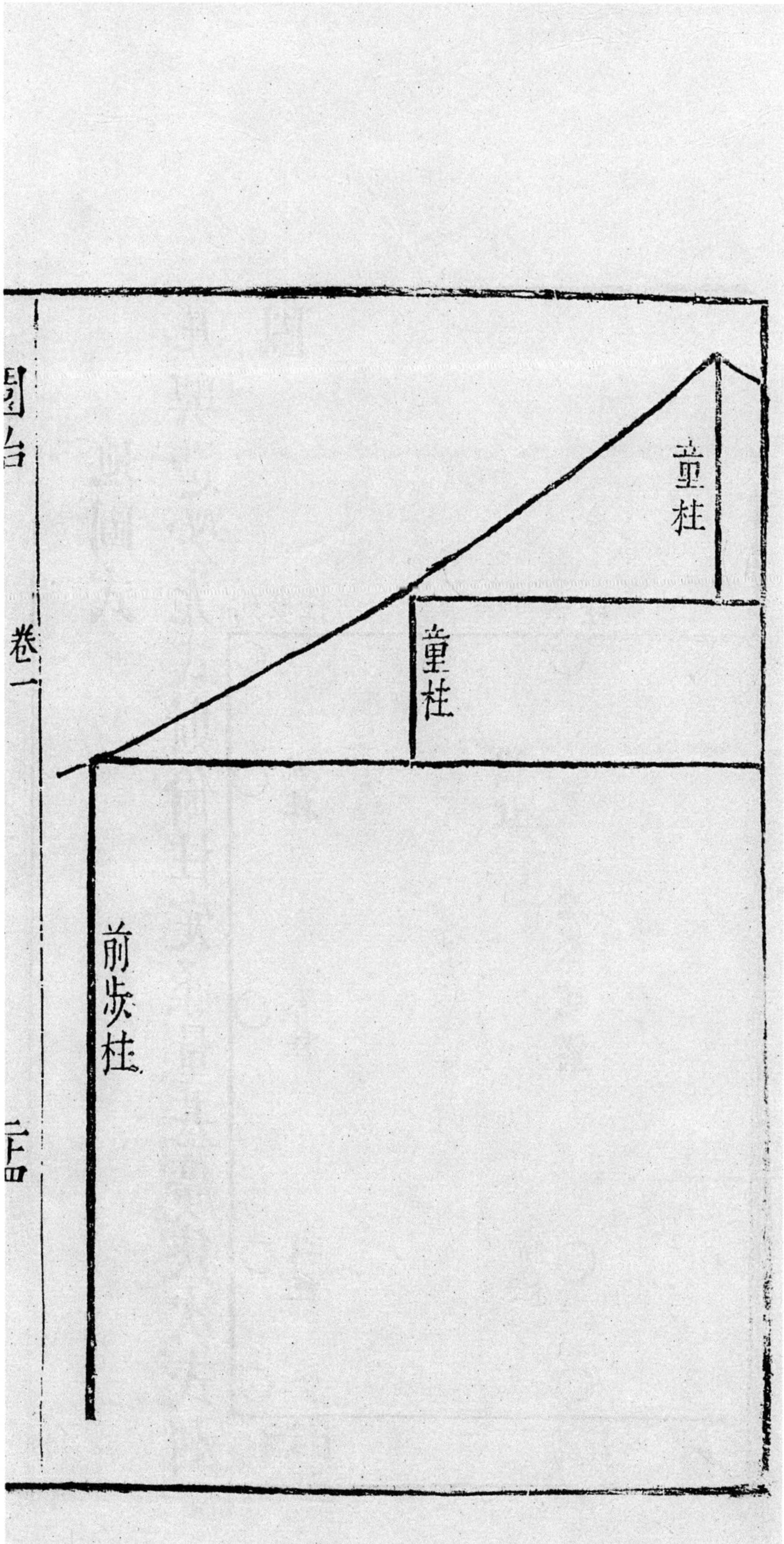
園冶
卷一
童柱
童柱
前步柱

地圖式

凡興造必先式斯倫柱定磉量基廣狹次式列圖

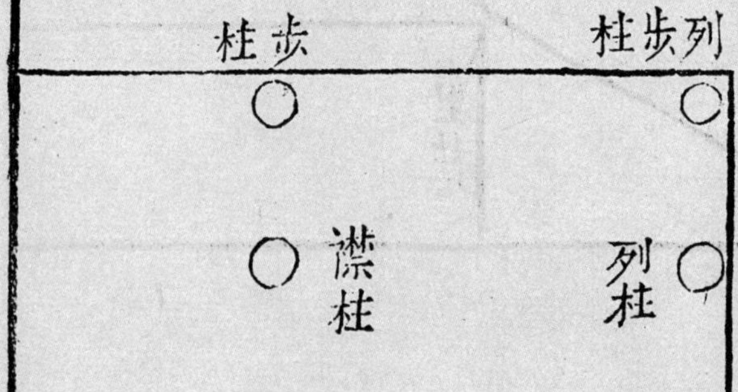

凡廳堂中一間宜大傍間宜小不可勻造

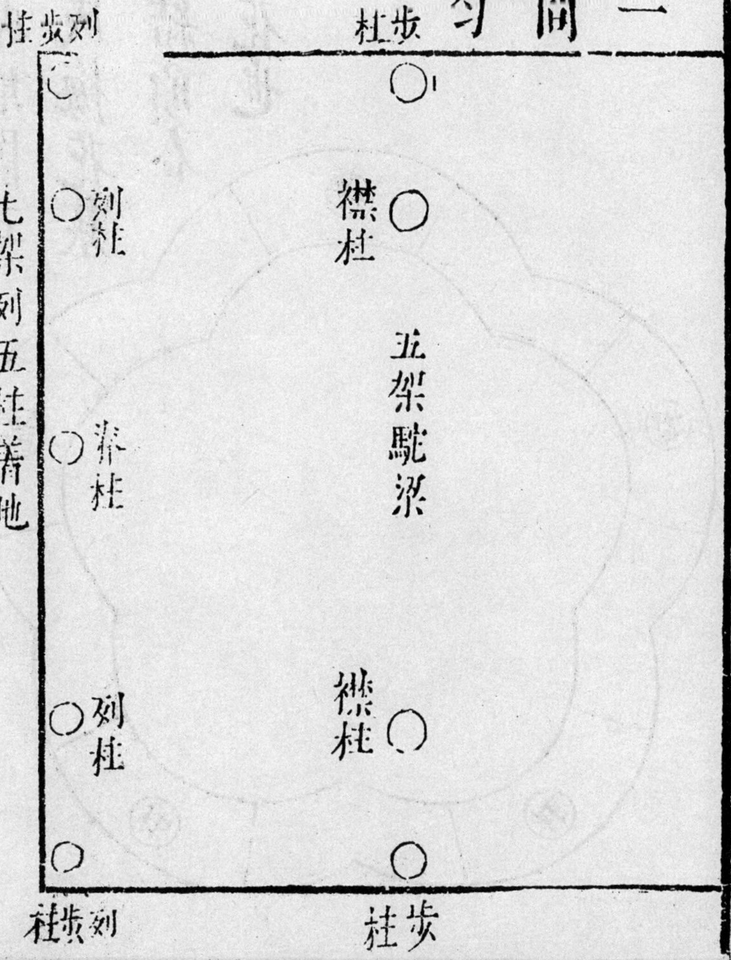

七架列五柱着地

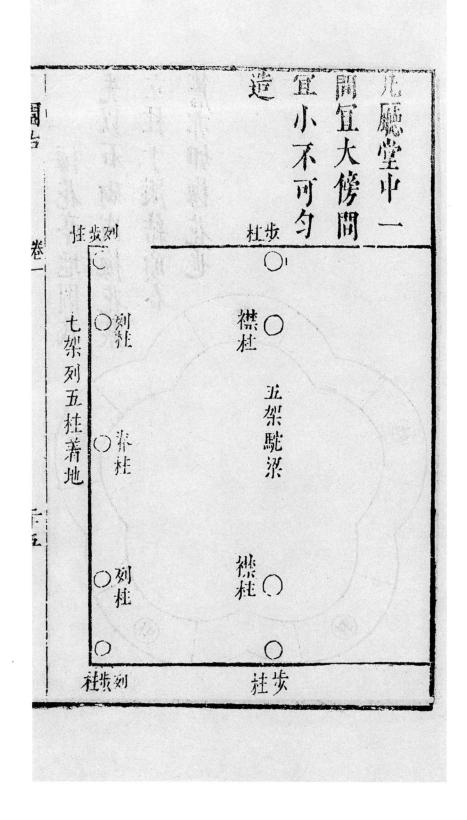

梅花亭地圖式

先以石砌成梅花基立柱于瓣結頂合簷亦如梅花也

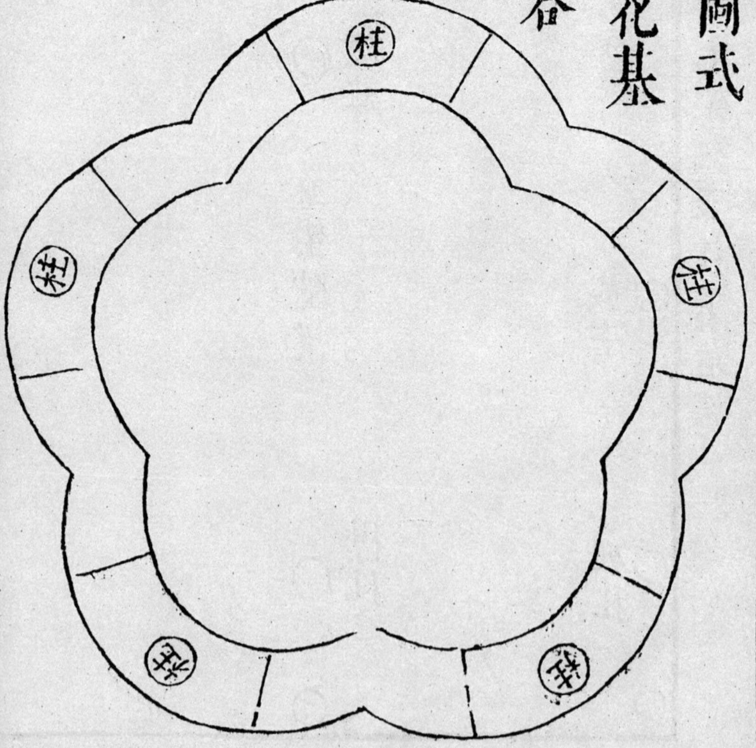

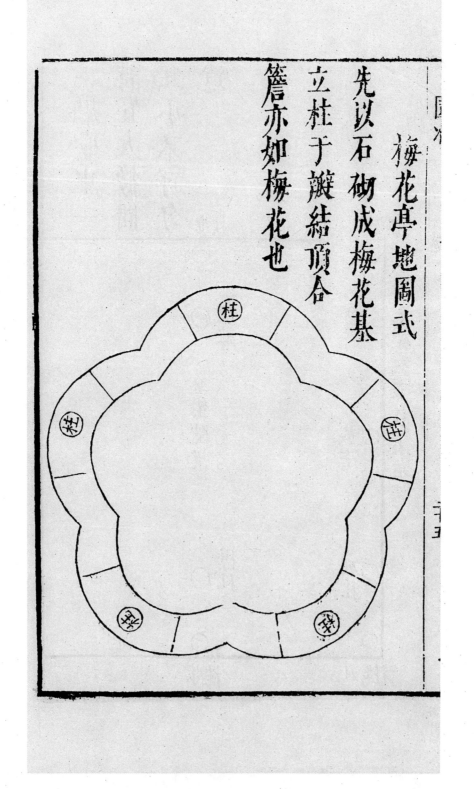

十字亭地圖式

十二柱四分而立頂結方尖週簷亦成十字

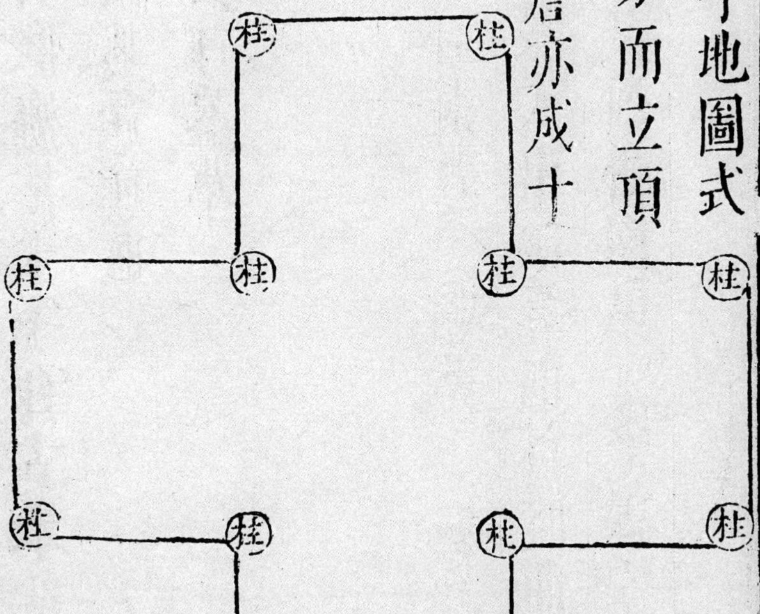

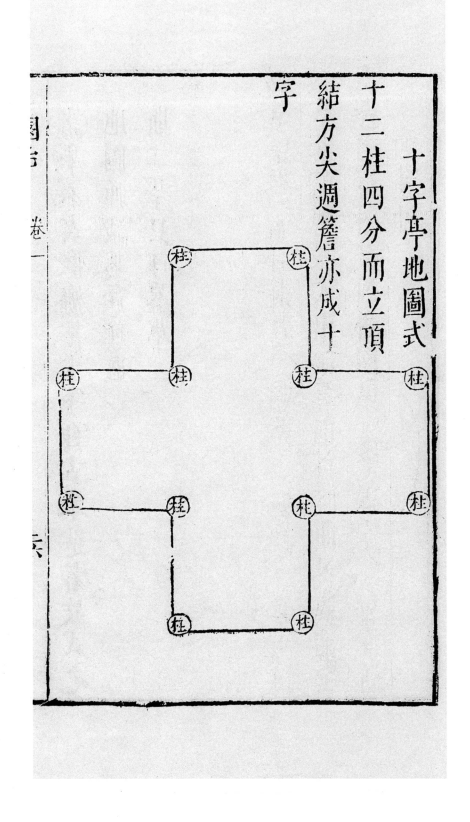

諸亭不式惟梅花十字自古未造者故式之

地圖聊識其意可也

斯二亭只可蓋草

四裝折

凡造作難於裝修惟園屋異乎家宅曲折有條端方非額如端方中須尋曲折到曲折處還定端方相間得宜錯綜爲妙裝壁應爲排比安門分出來繇假如全房數間內中隔開可矣定存後步一架餘外添設何哉便徑他居復成別館磚牆留夾可通不斷之房廊板壁常空隱出別壺之天地亭臺影罅樓閣虛隣絕處猶開低方忽上樓梯僅乎室側臺級藉矣山阿門扇豈異

尋常窗欞遵時各式揀宜合線嵌不窺絲落步欄杆長廊猶勝半墻床槅是室皆然古以菱花爲巧今之柳葉生奇加之明瓦斯堅外護風窗覺密半樓半屋依替木不妨一色天花藏房藏閣靠虛簷無礙半彎月牖借架高簷須知下卷出幙若分別院連墻儗越深齋搆合時宜式徵清賞

屏門

堂中如屏列而平者古者可一面用今遵爲兩

而用斯謂鼓兒門也

仰塵

仰塵即古天花版也多于棋盤方空畫禽卉者類俗一槩平仰爲佳或畫木紋或錦或糊紙惟樓下不可少

床槅

古之床槅多于方眼而菱花者後人減爲栁條槅俗呼不了窗也兹式從雅予將斯增減數式內有花紋各異亦遵雅致故不脫栁條式或有

将欄杆豎爲床槅斯一不密亦無可玩如欞空僅濶寸許爲佳猶濶類欄杆風窗者去之故式于後

風窗

風窗槅欞之外護宜疎廣減文或横半或兩截推關兹式如欄杆減者亦可用也在館爲書窗在閨爲繡窗

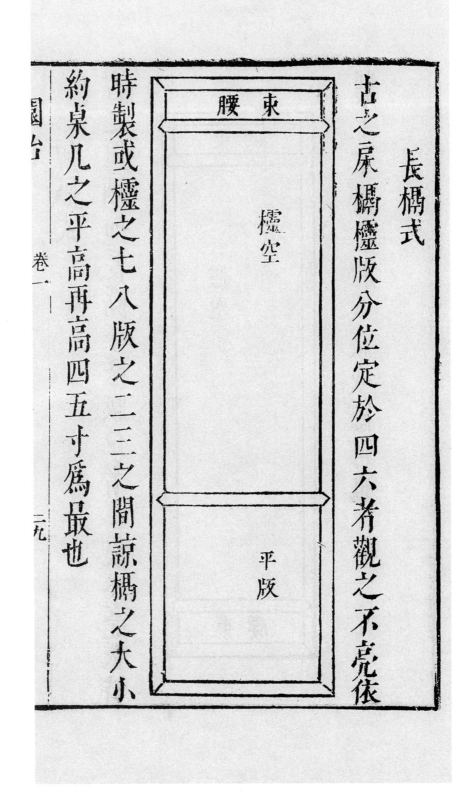

長槅式

古之床槅欞版分位定於四六者觀之不亮依時製或欞之七八版之二三之間諒槅之大小約桌几之平高再高四五寸爲最也

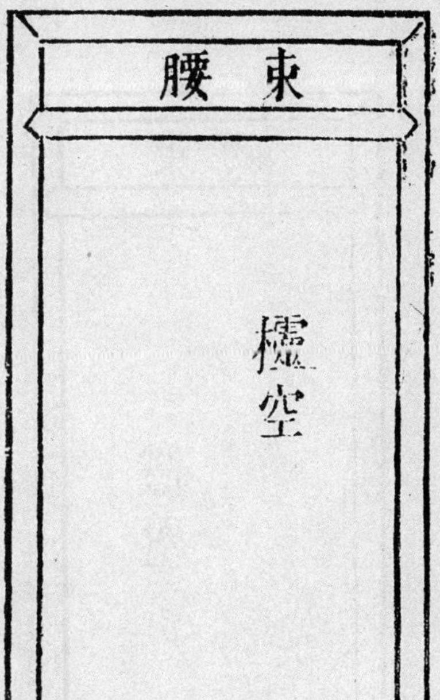

短槅式

古之短槅如長槅分欞版位者亦更不亮依時

製上下用束腰或版或欞可也

户槅栁條式

時遵栁條槅疎而且減依式變換隨便摘用

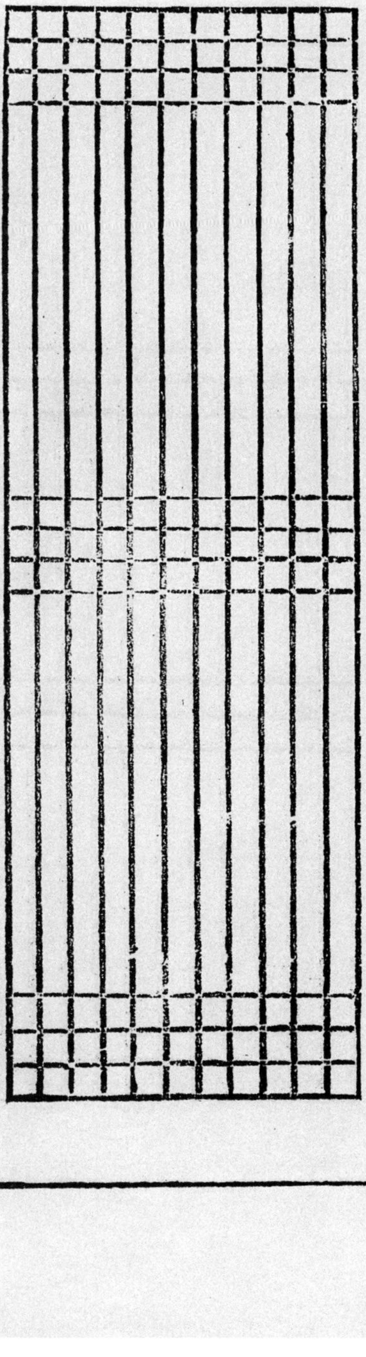

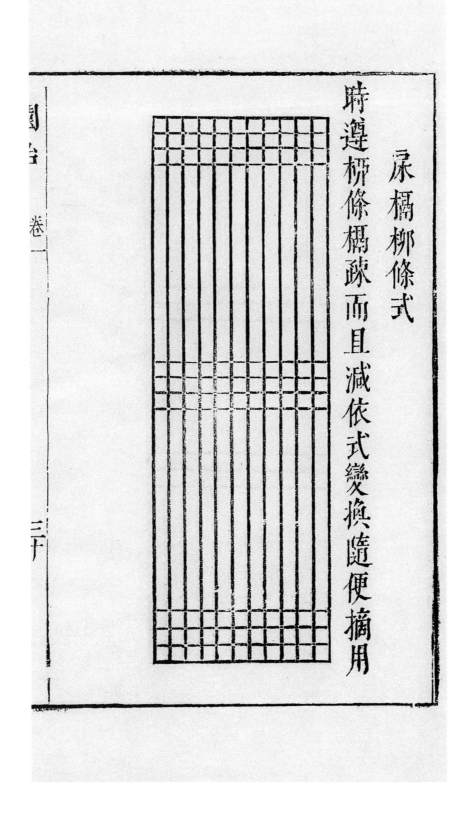

式二

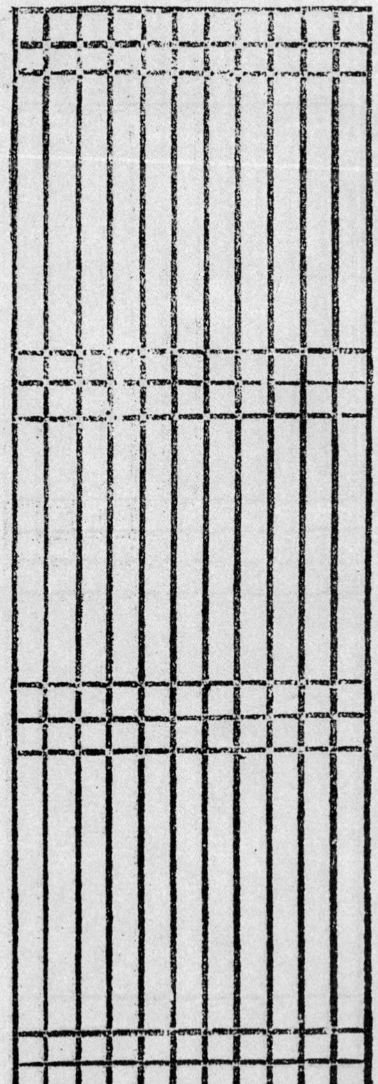

式三

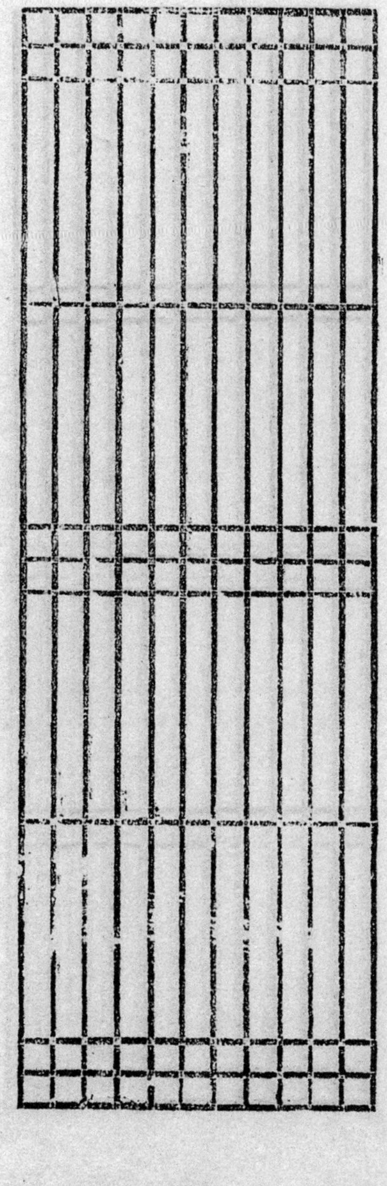

式四

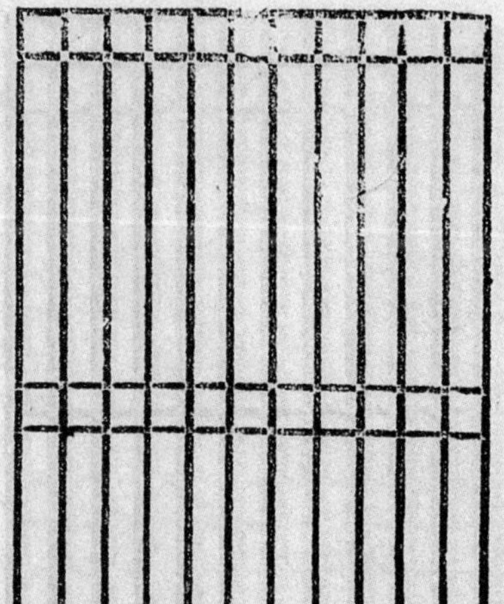

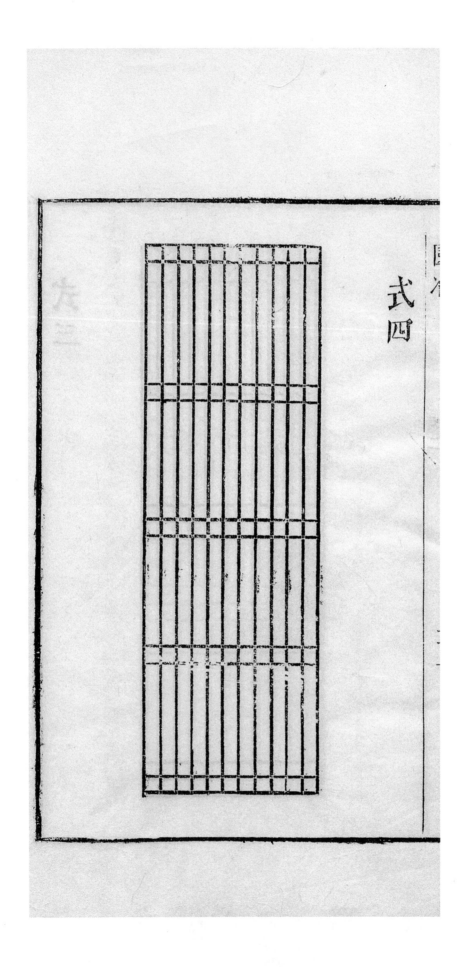

式五

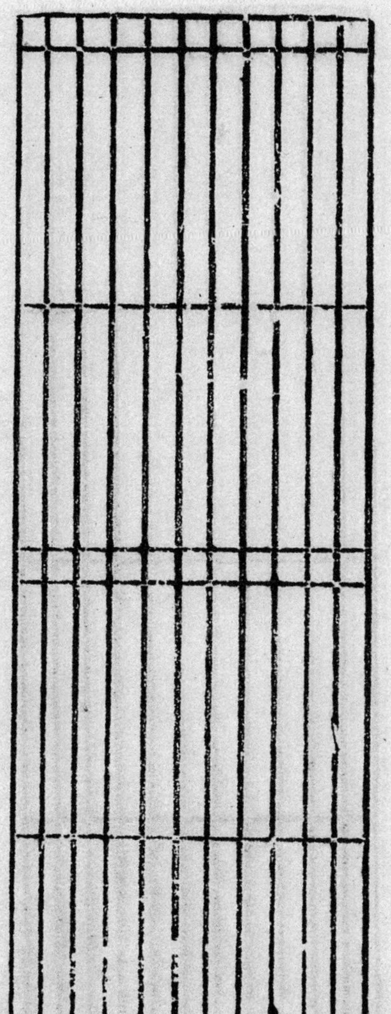

式六

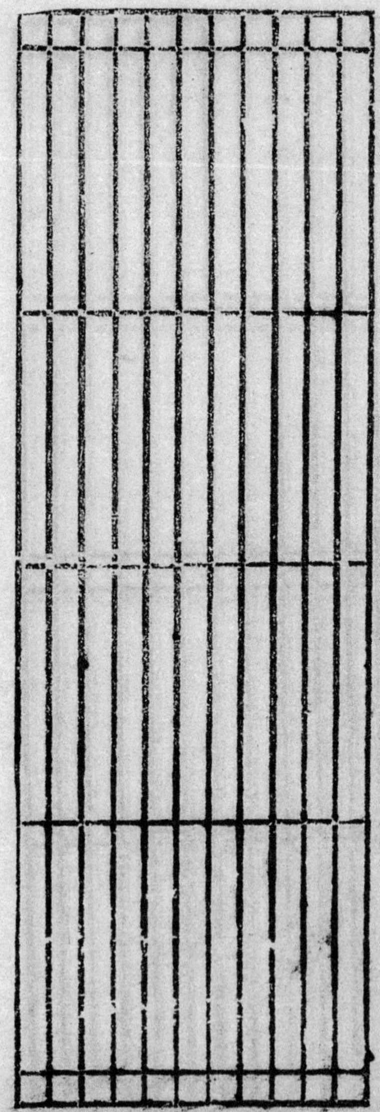

式七

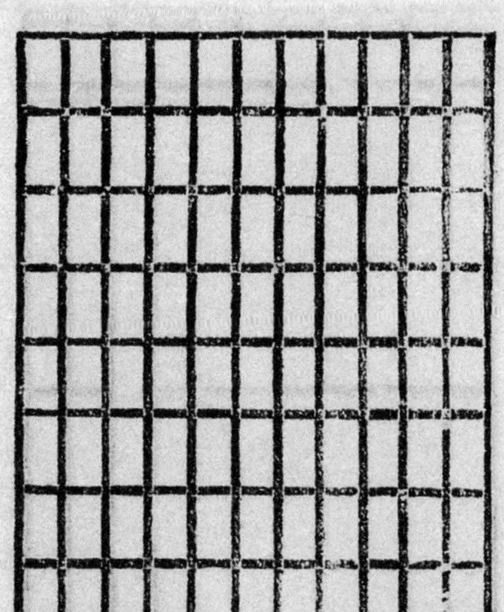

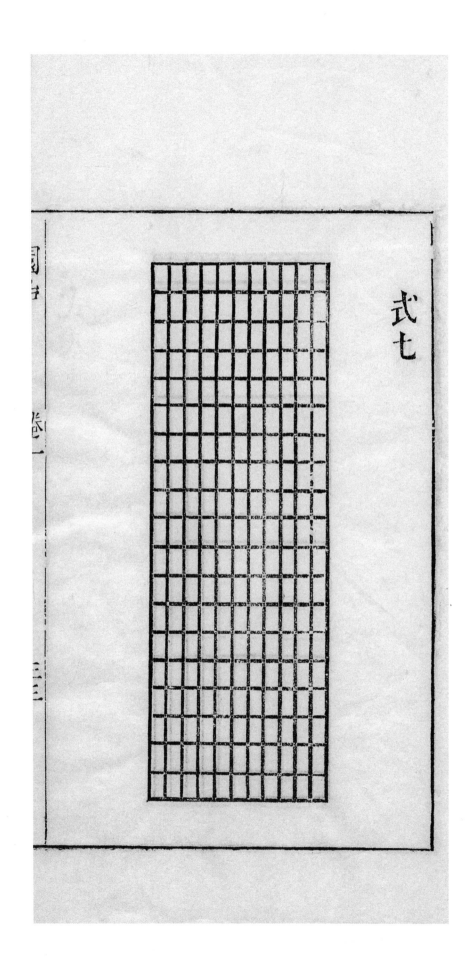

式八

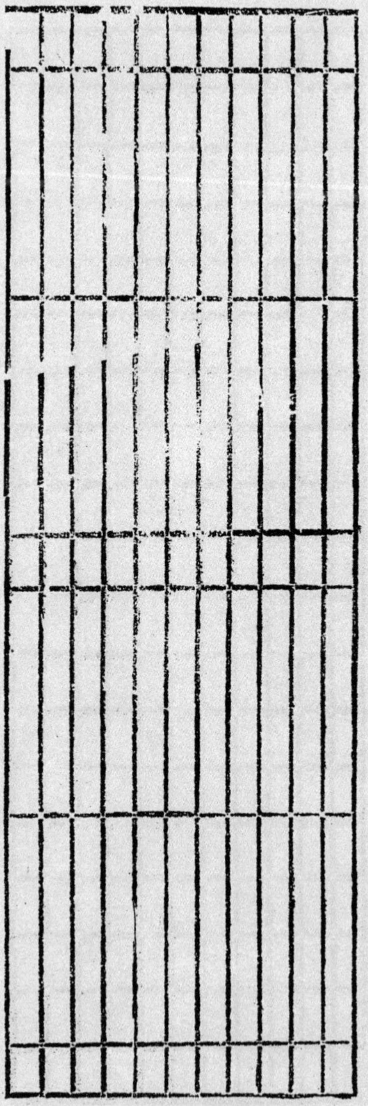

式九

式十

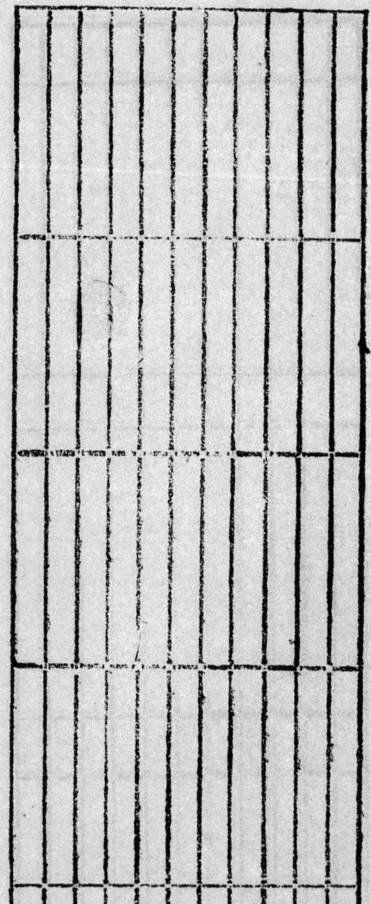

柳條變人字式

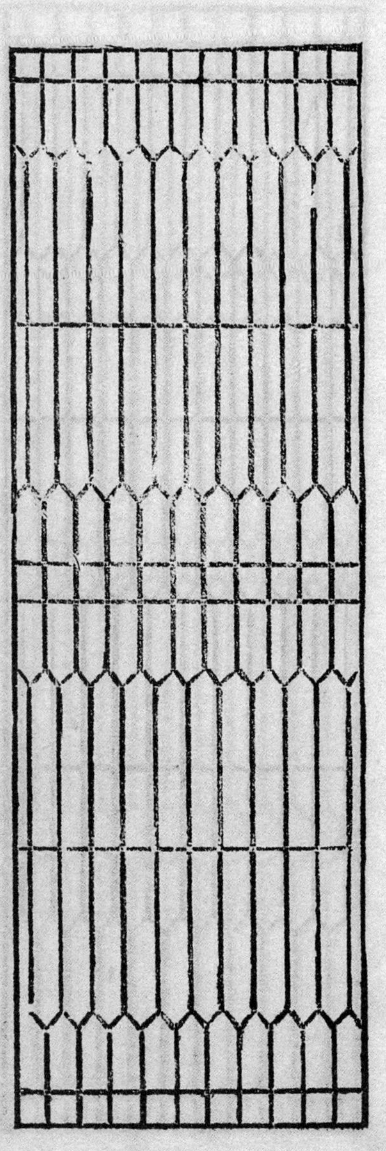

式二

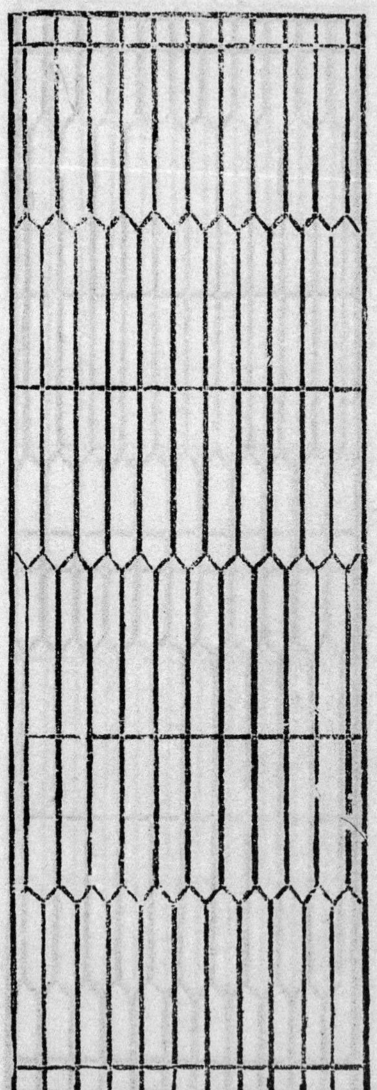

人字變六方式

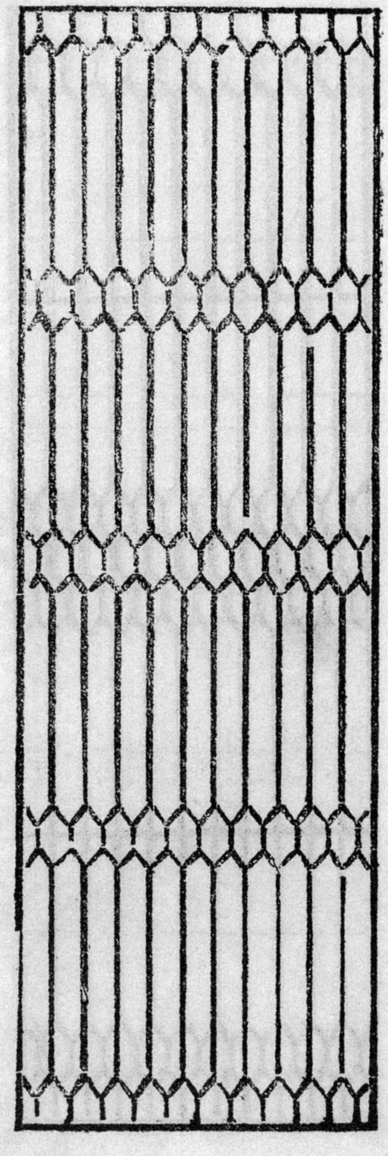

式二

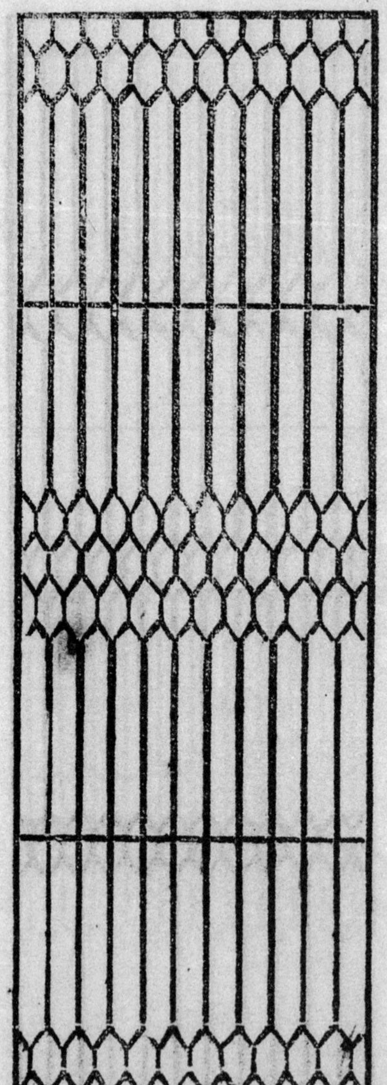

柳條變井字式

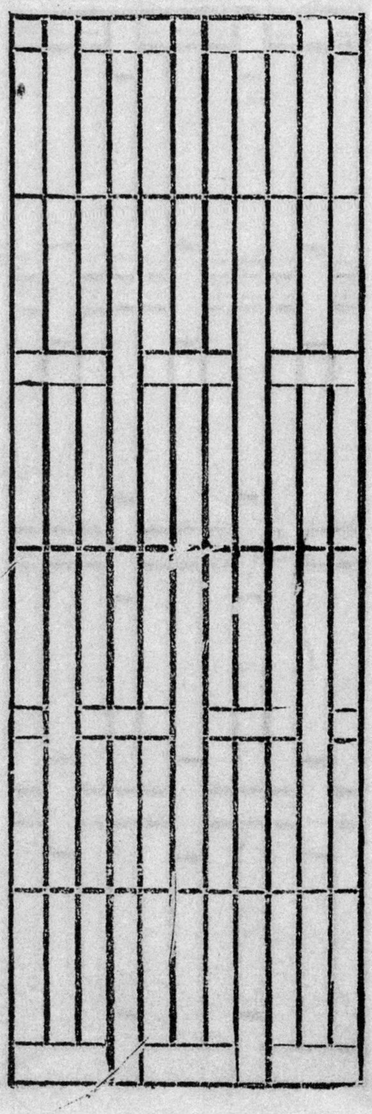

式二

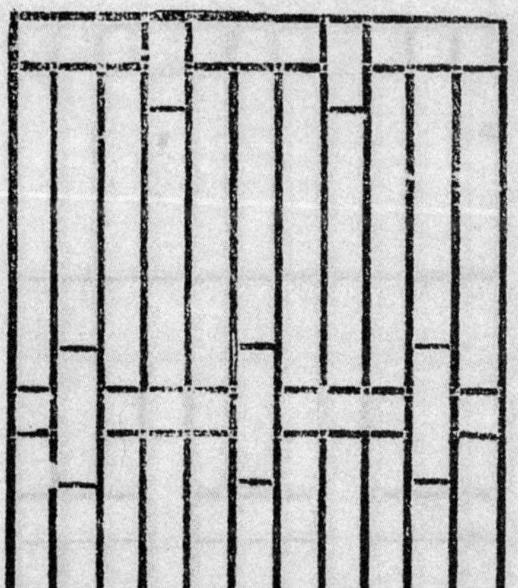

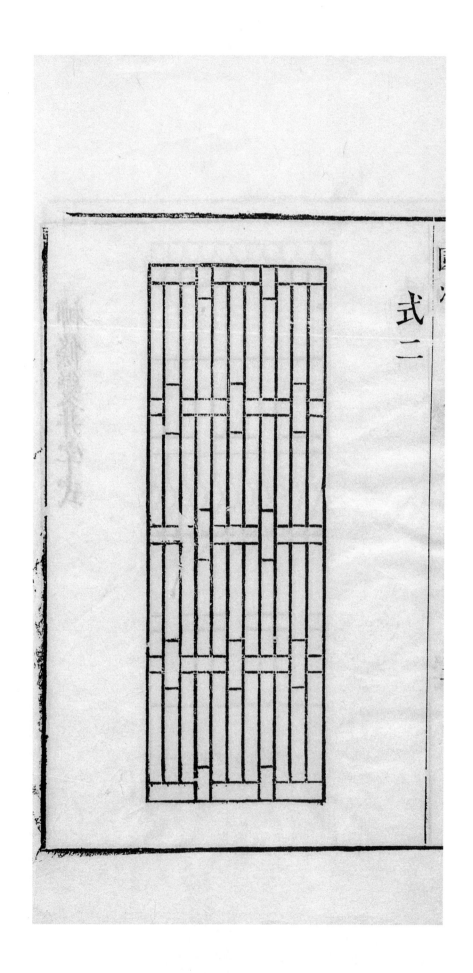

式三

井字變襍花式

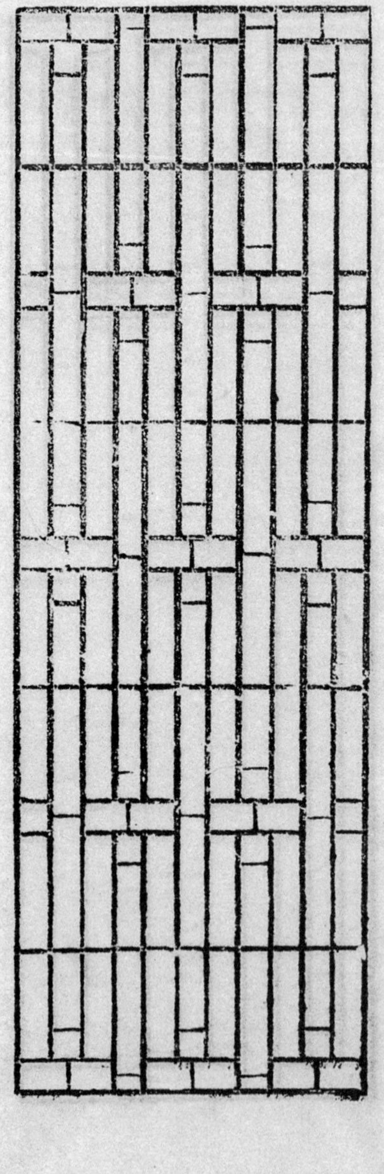

式二

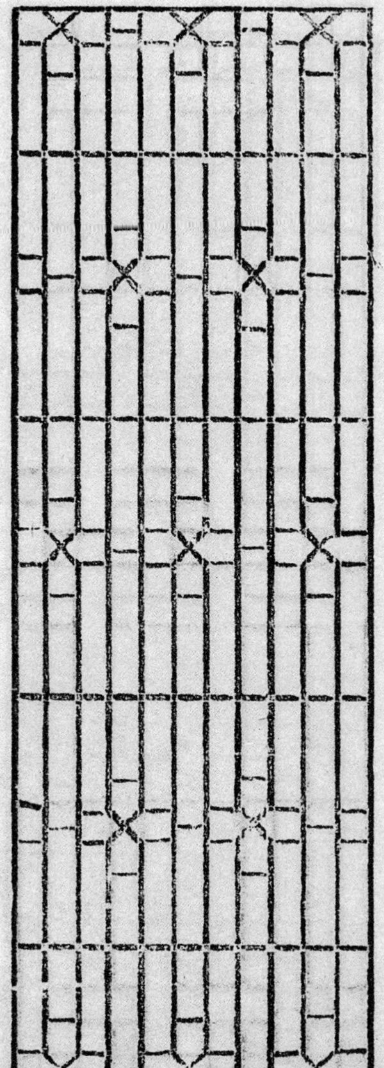

式三

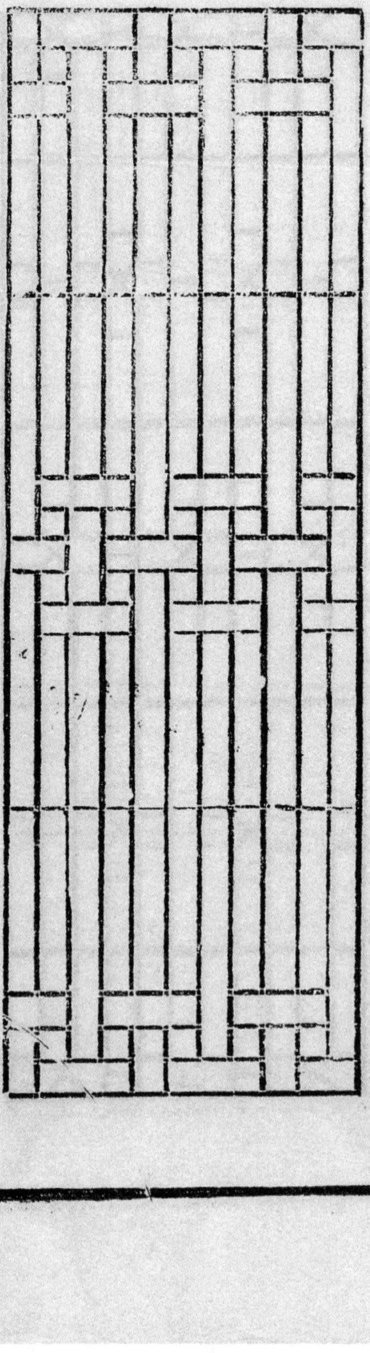

式四

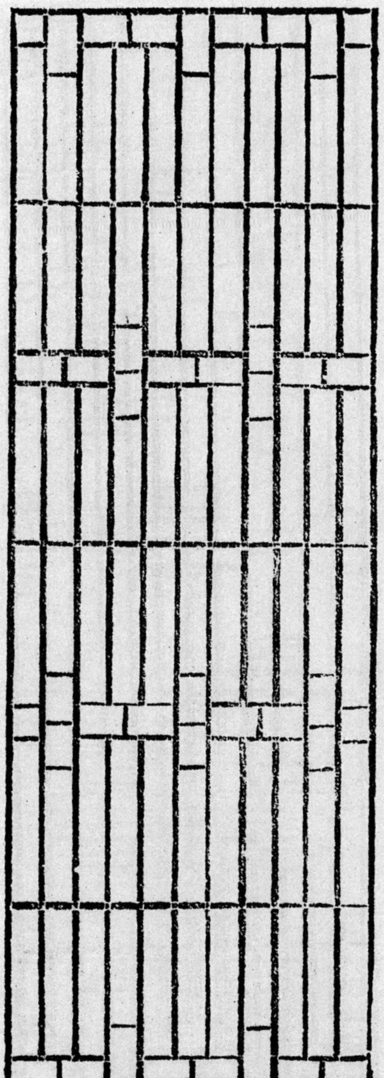

式五

式六

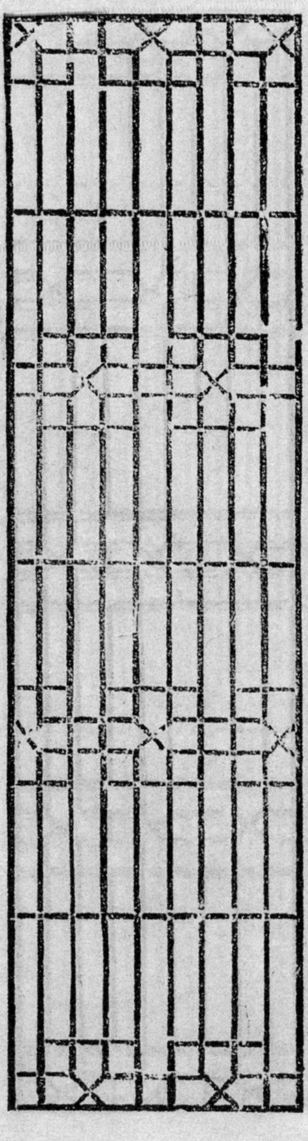

式七

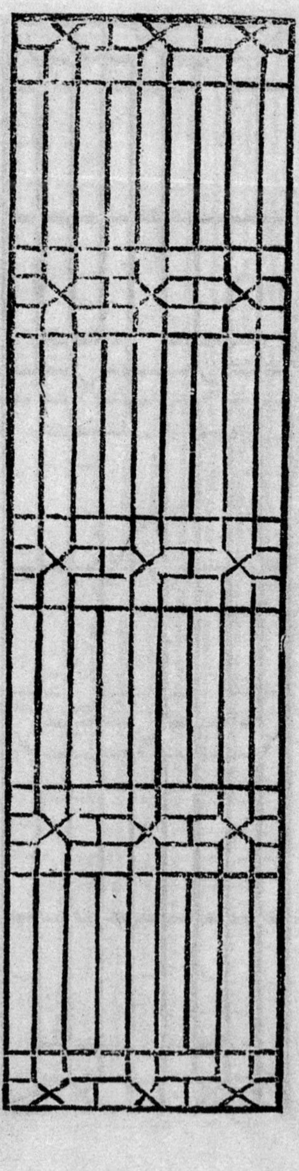

式八

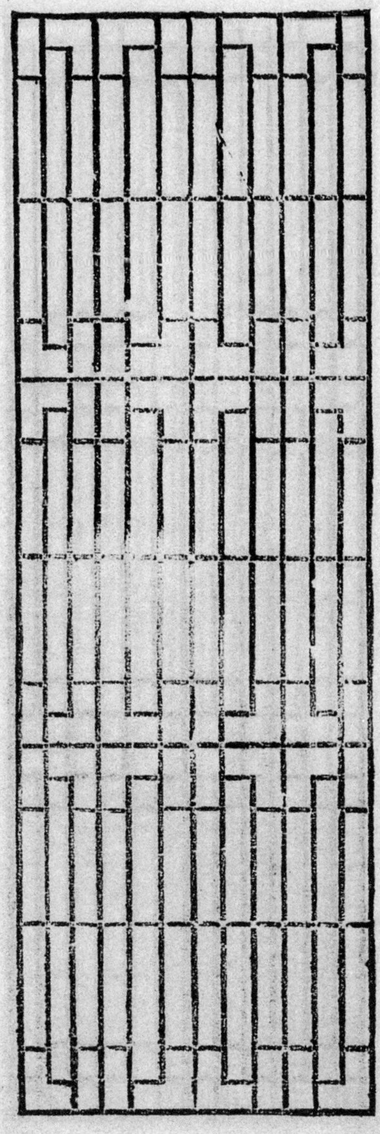

式九

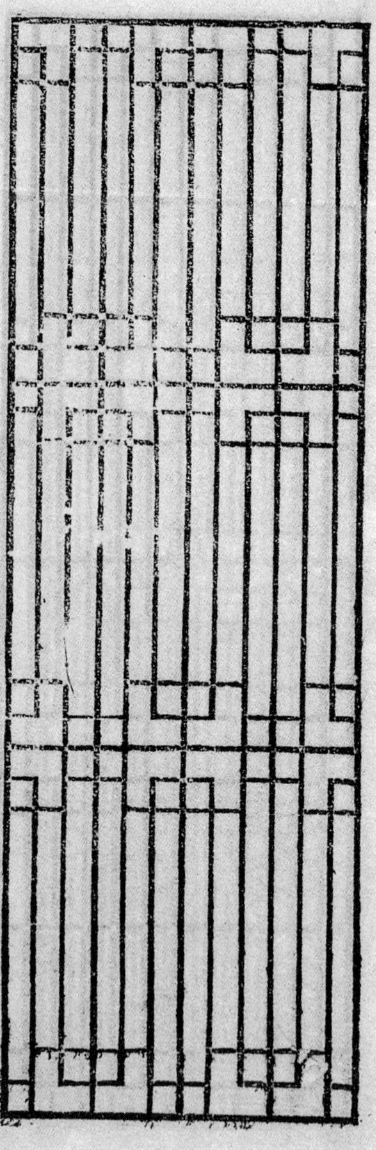

式十

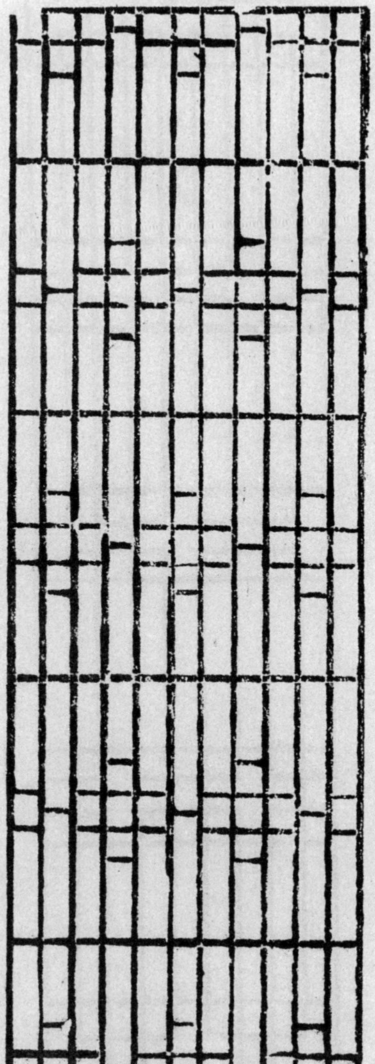

園冶 卷一

式十一

式十二

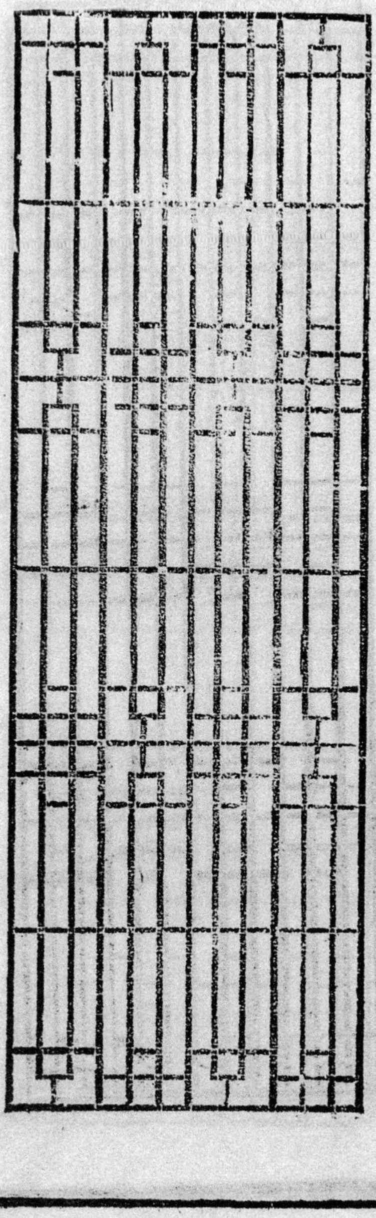

園冶　卷一

式十三

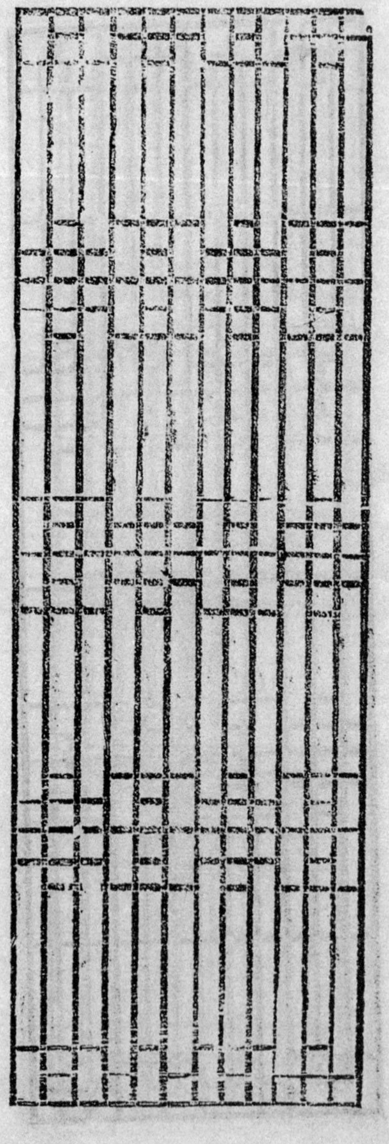

式十四

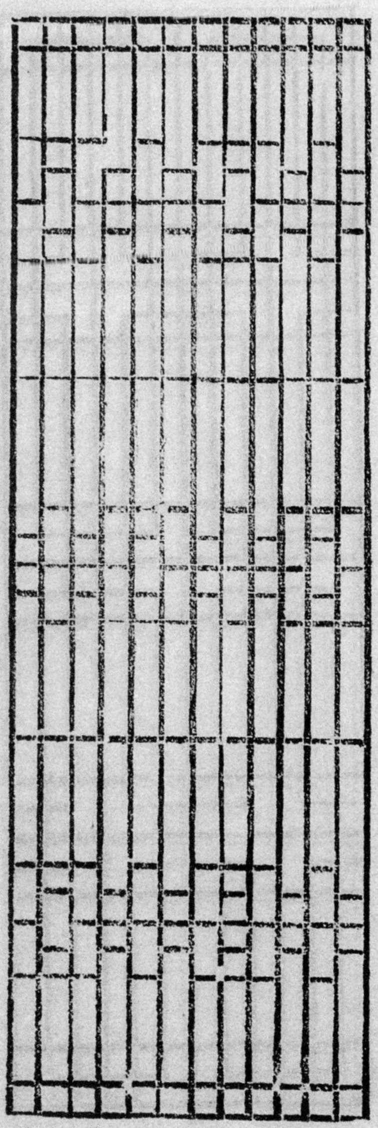

式十五

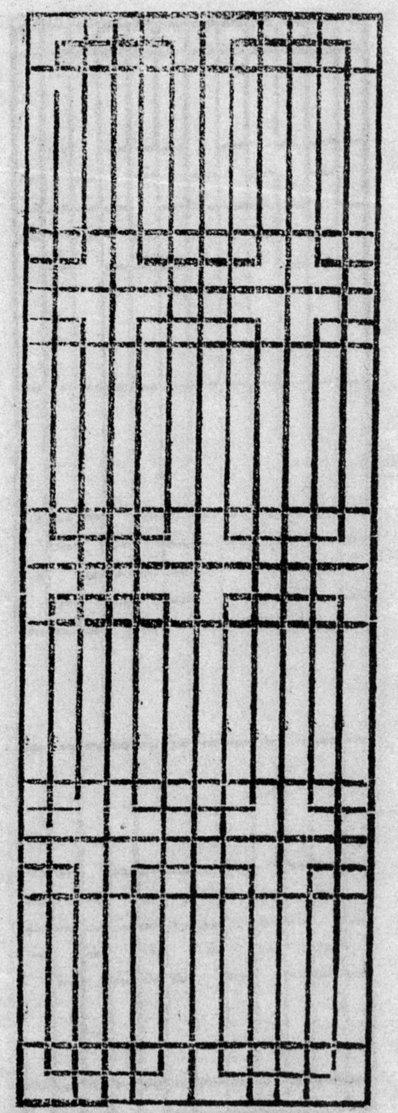

式十六

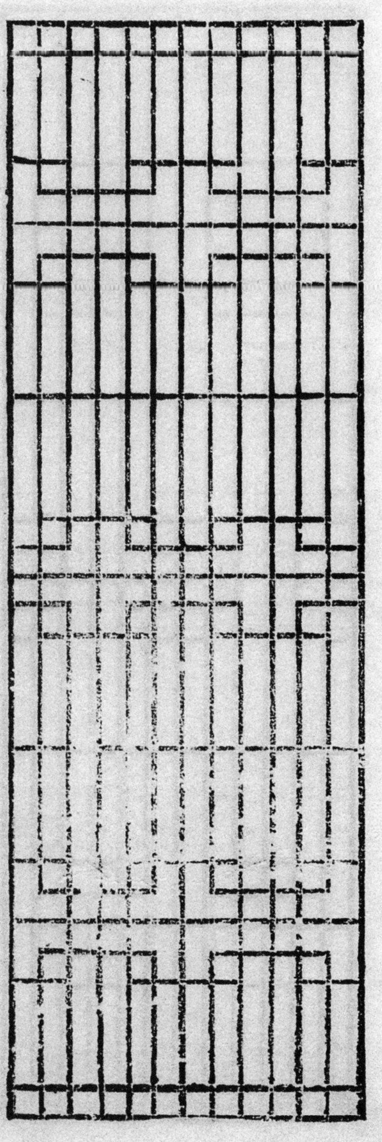

園冶　卷一　四六

式十七

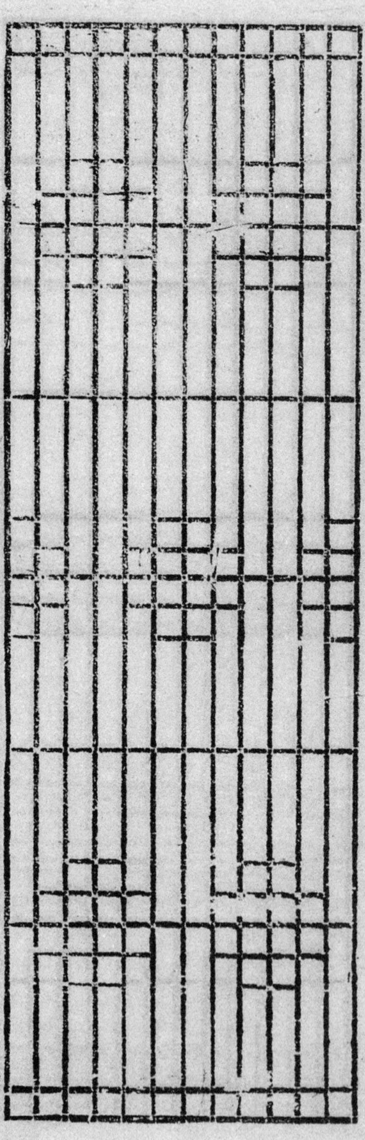

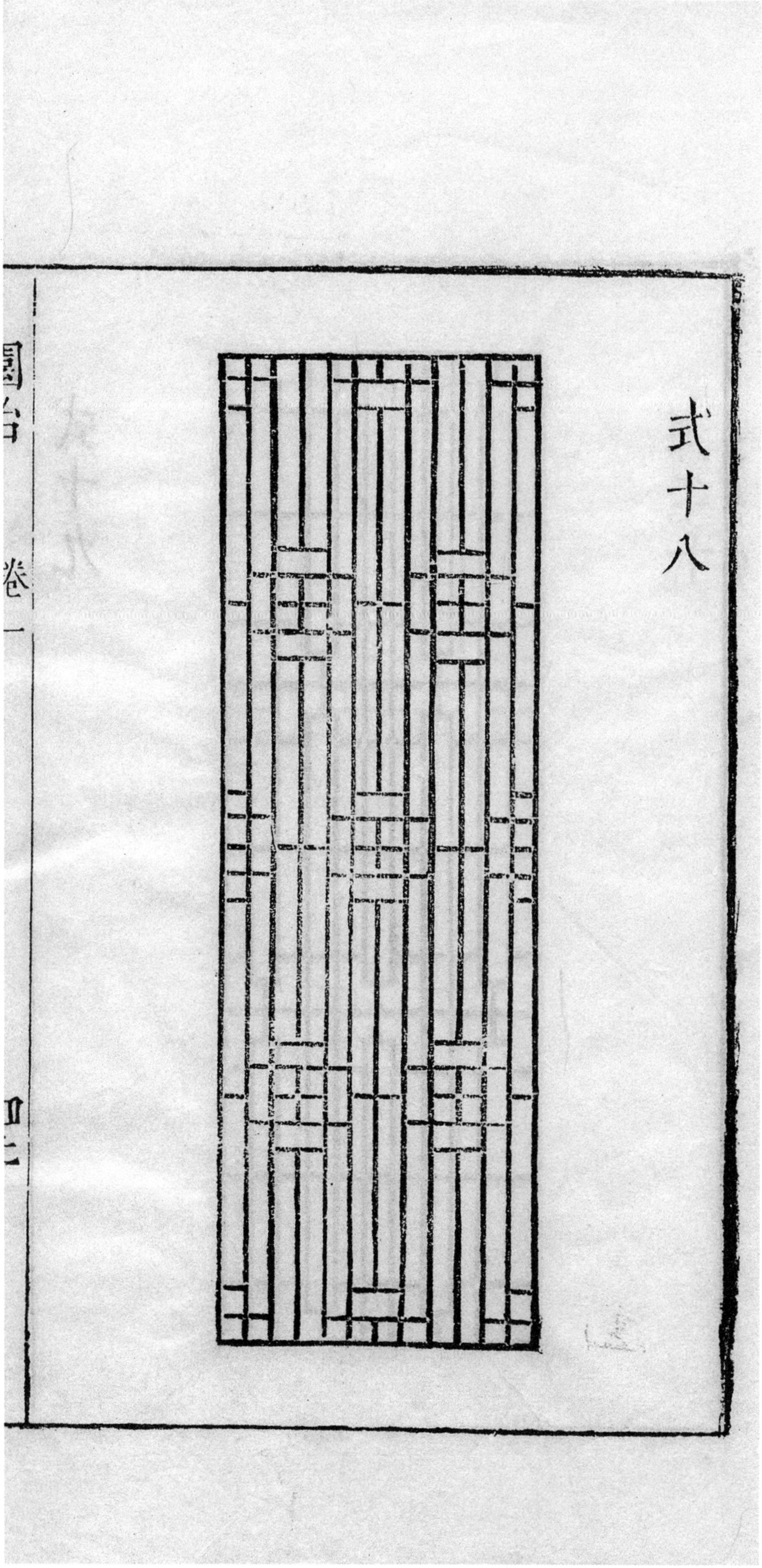
式十八
園冶　卷一

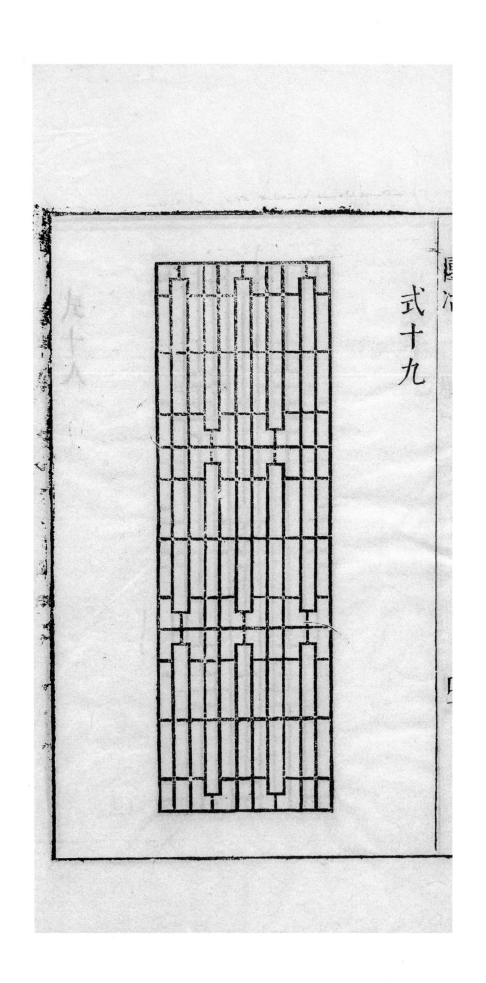

式十九

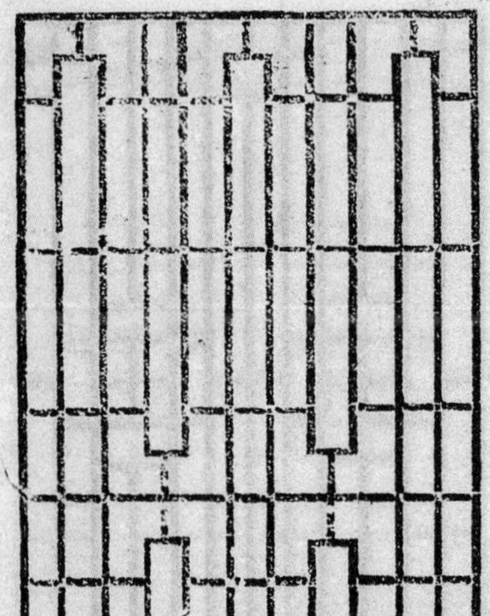

式二十

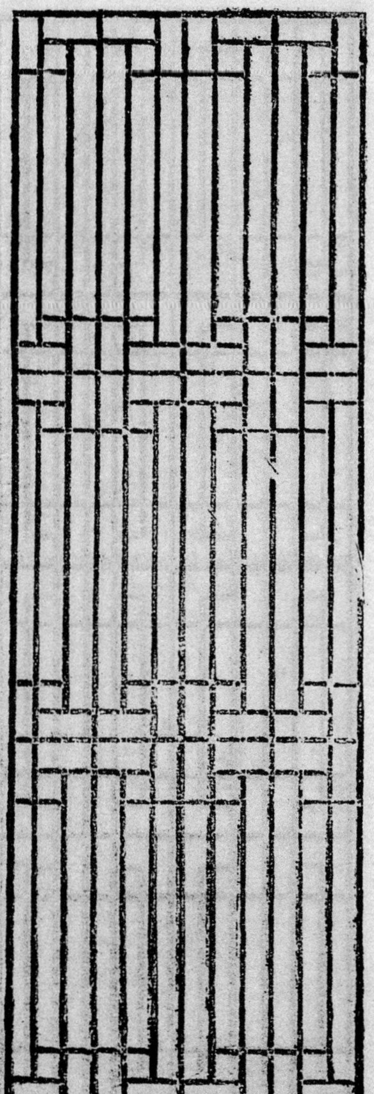

式二十一

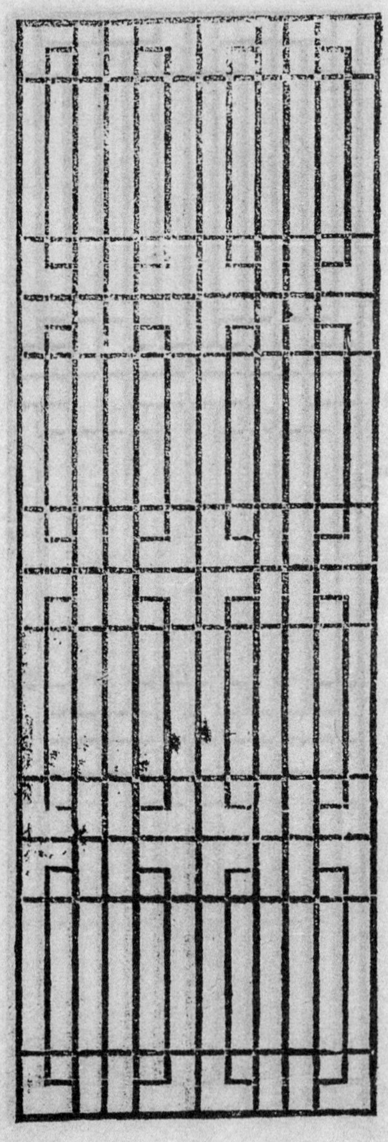

玉磚街式

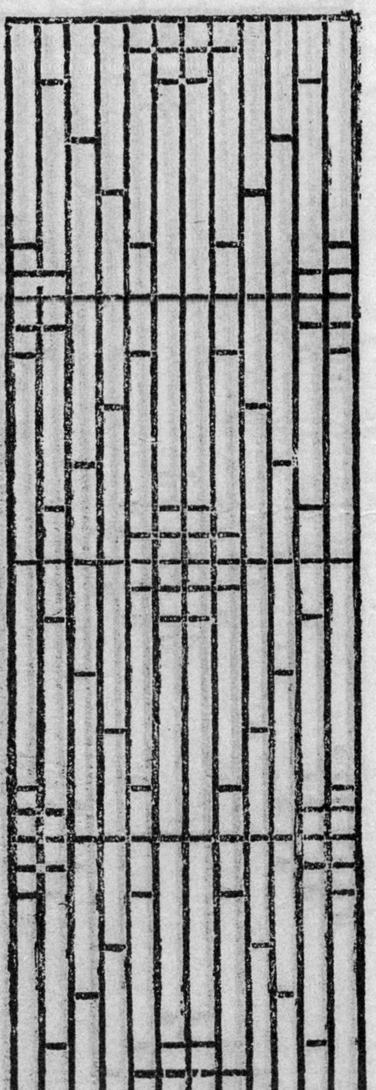

園冶　卷一

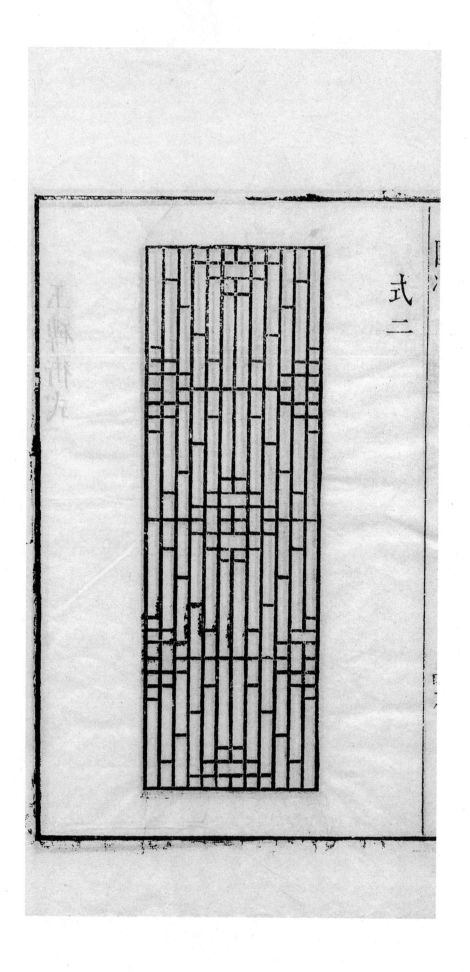

式二

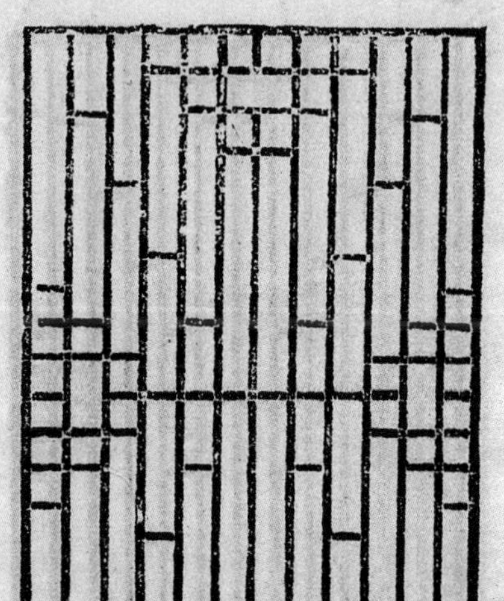

式三

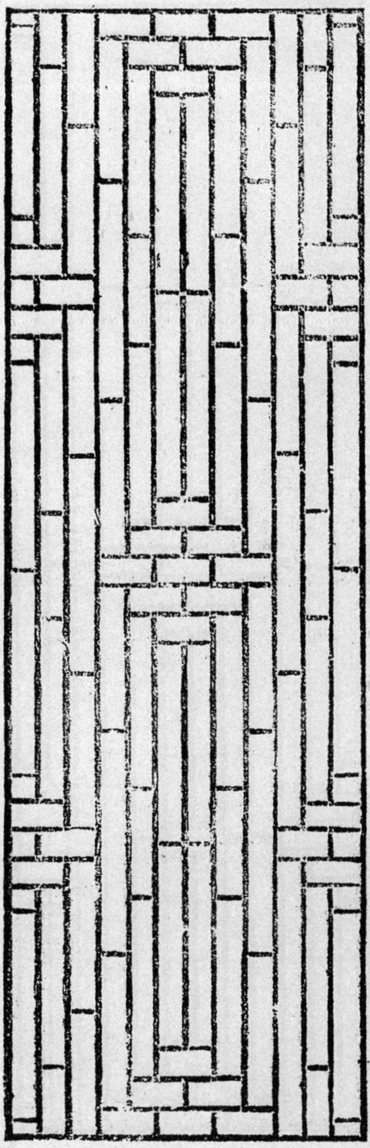

園冶　卷一

式四

八方式

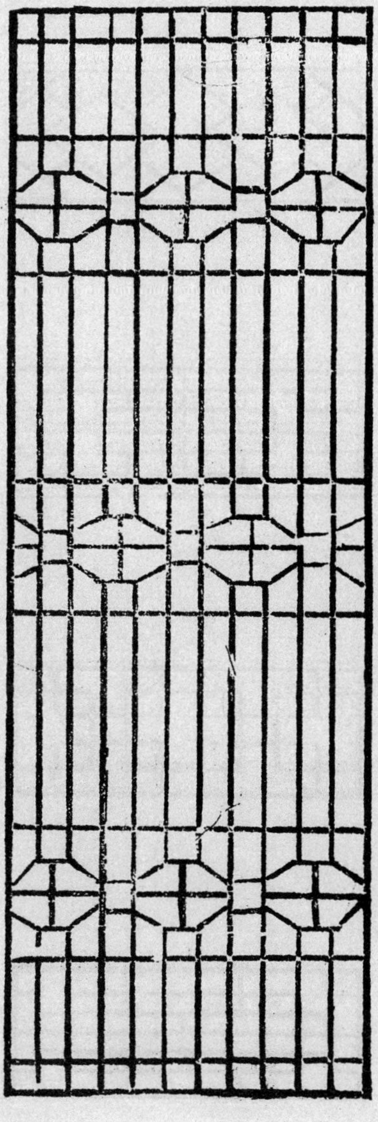

束腰式

如長槅欲齊短槅并裝亦宜上下用

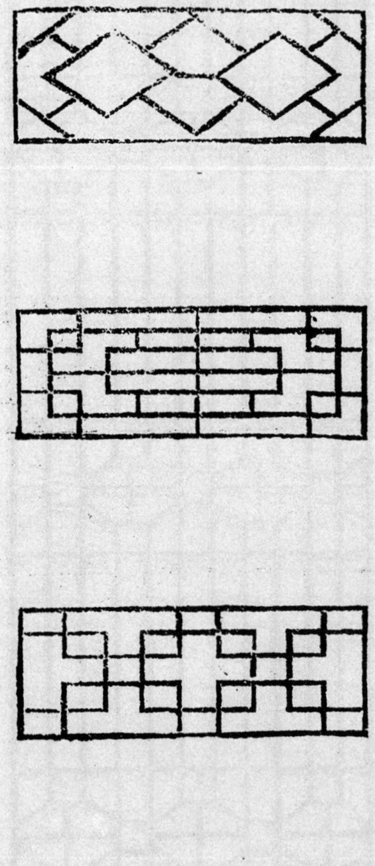

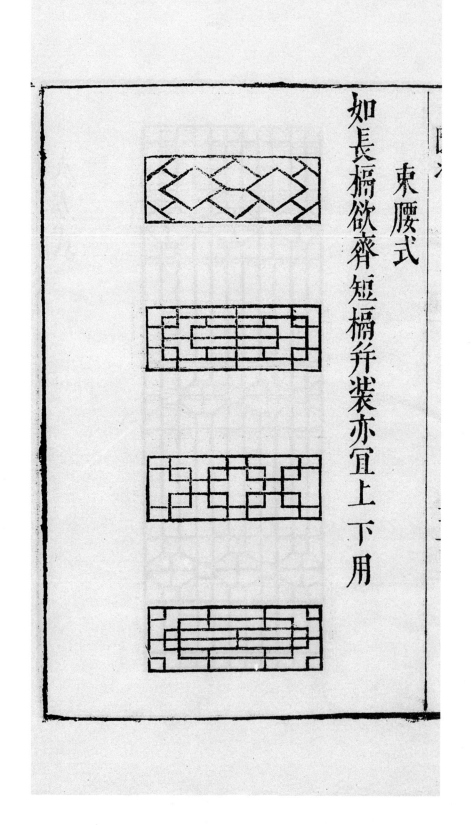

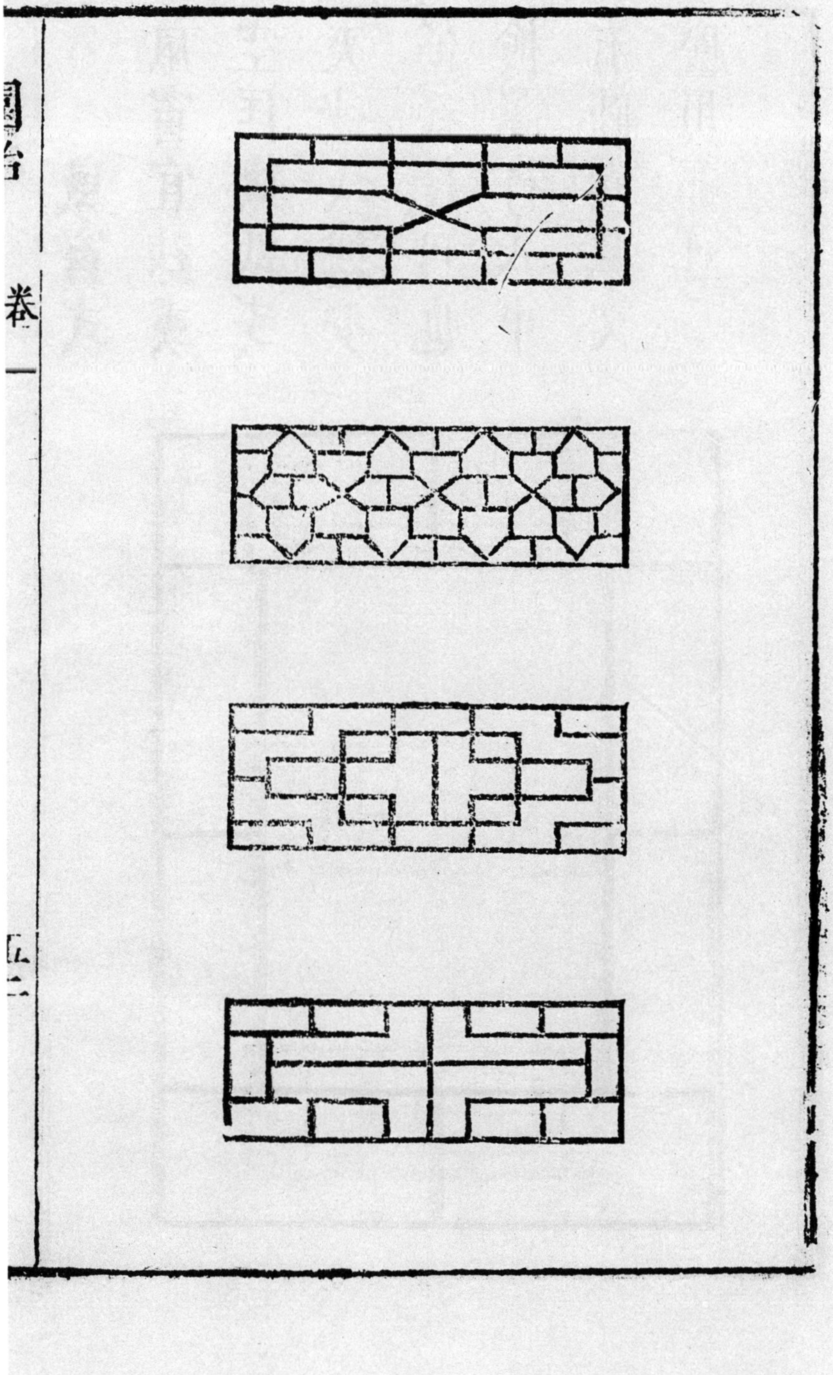
園冶
卷

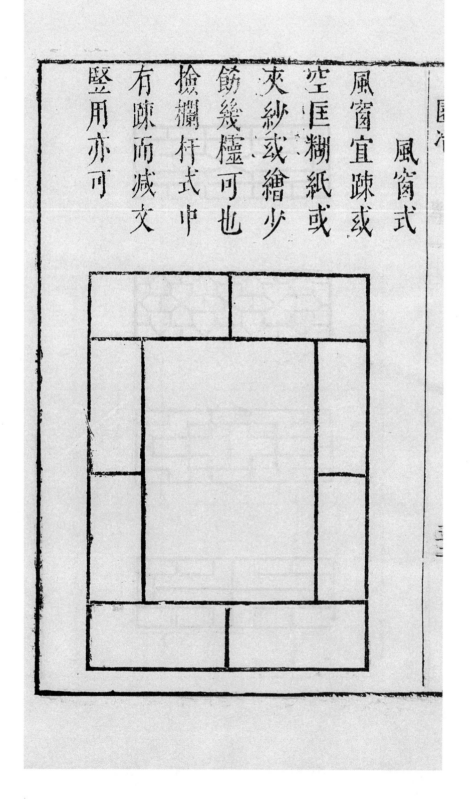

風窗式

風窗宜疎或空匡糊紙或夾紗或繪少飾幾樣可也撿欄杆式中有疎而減文豎用亦可

式二

氷裂式

氷裂惟風窗之最宜者其文致減雅信畫如意可以上踈下密之妙

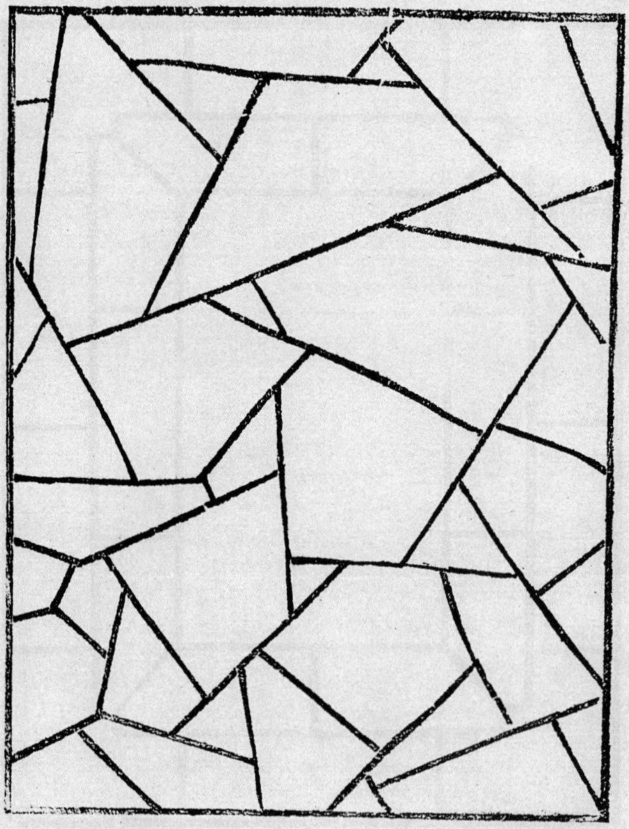

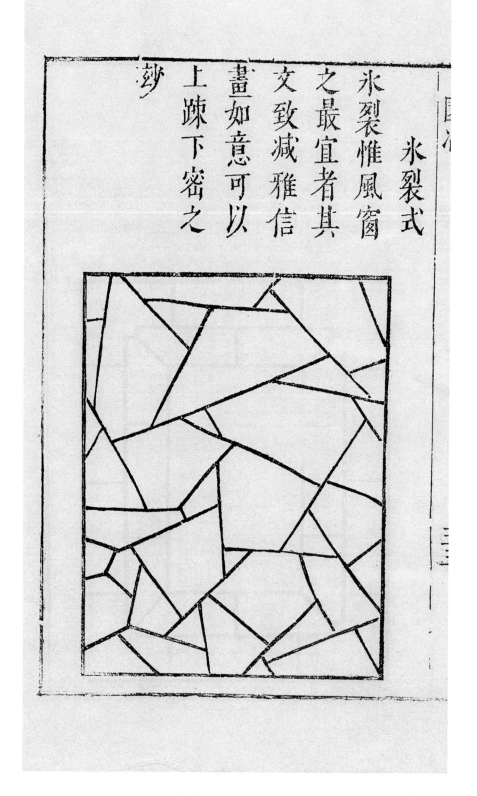

兩截式

風窗兩截者不拘何式關合如一爲妙

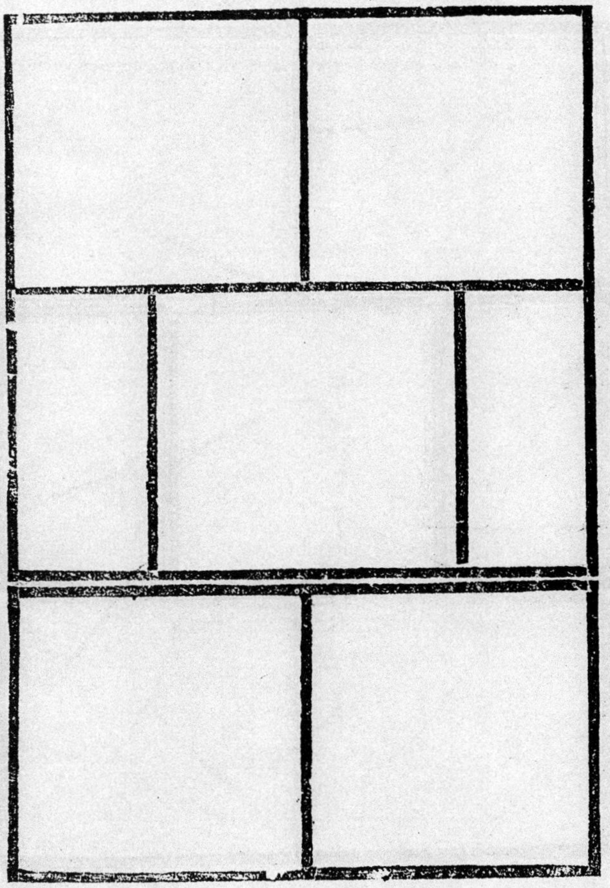

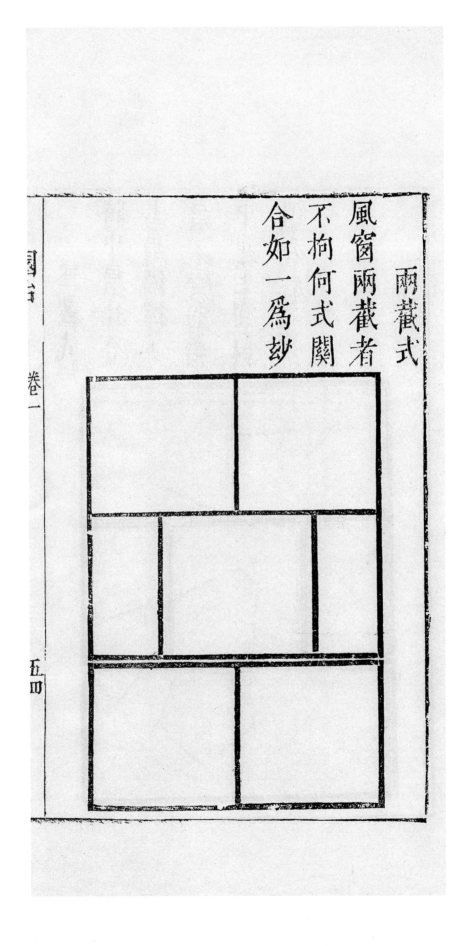

三截式

將中扇挂合上扇仍撐上扇不礙空處中連上宜用銅合扇

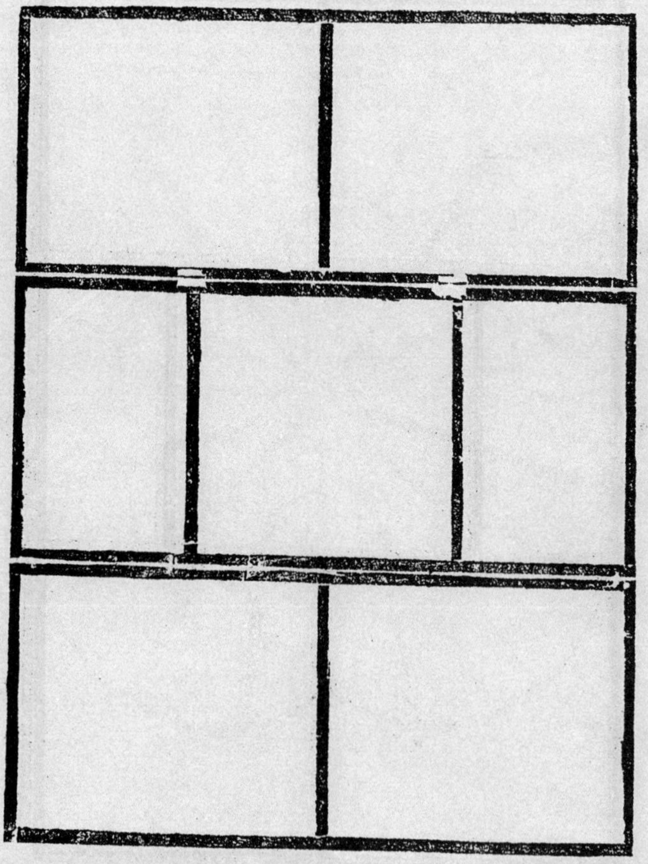

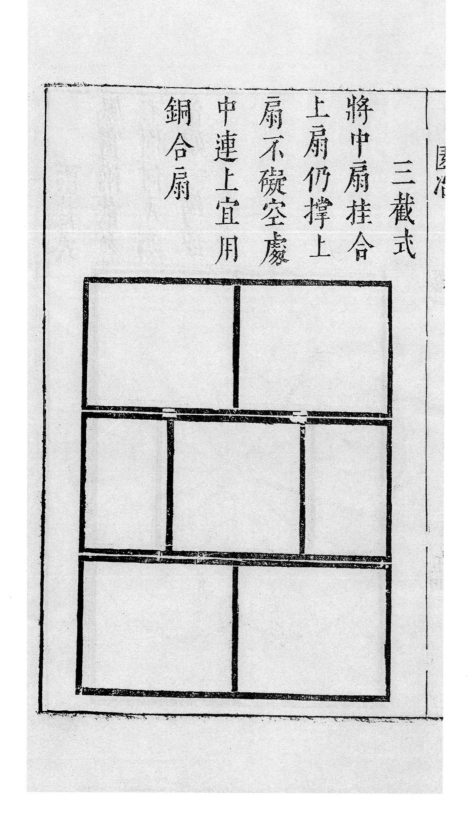

梅花式

梅花風窗宜分瓣做用梅花轉心于中以便開闔

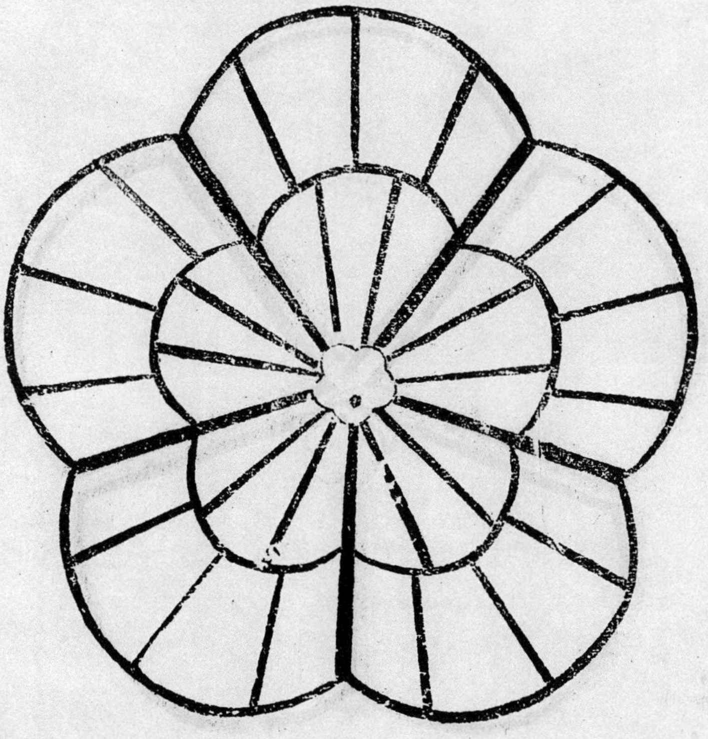

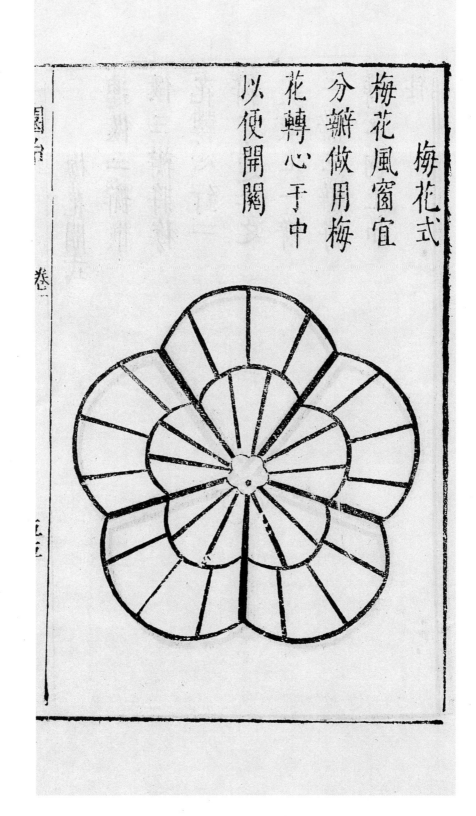

梅花開式

連做二瓣散做三瓣將梅花轉心釘一瓣于連二之尖或上一瓣二瓣三瓣將轉心向上扣住

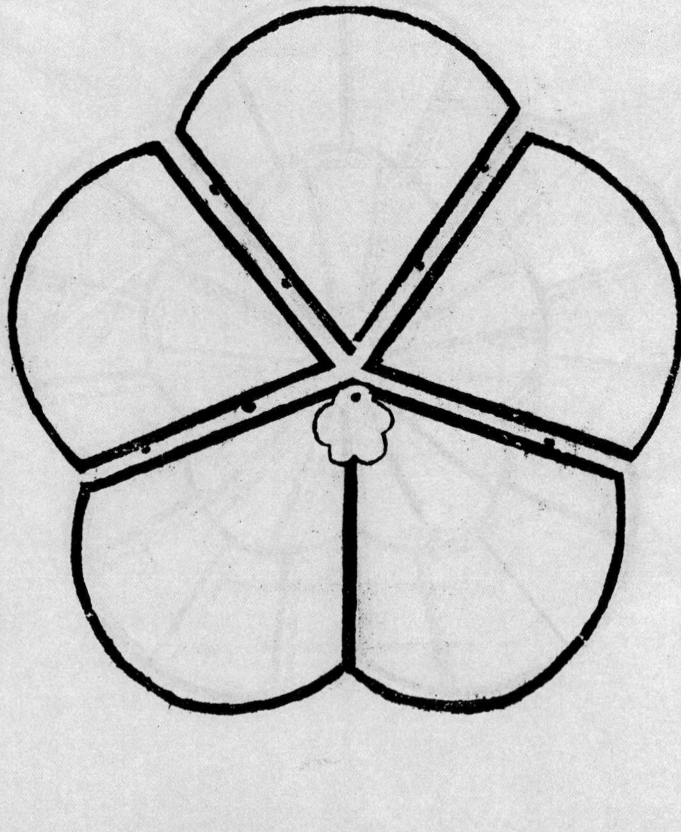

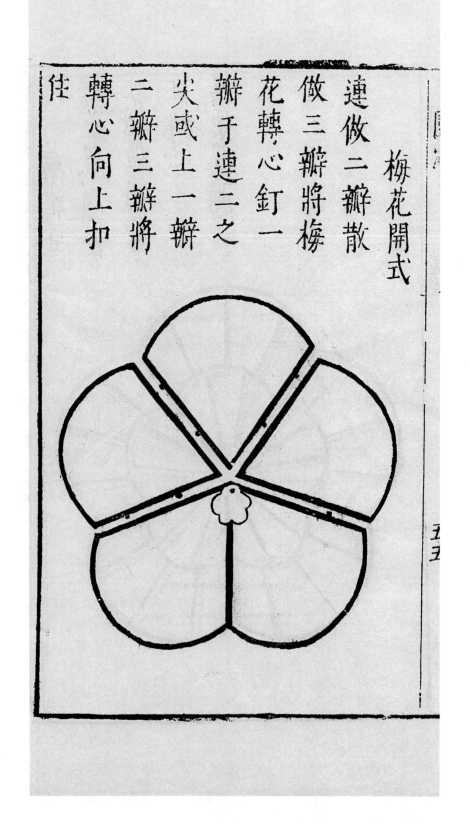

六方式

園冶 卷一

圓鏡式

園冶一卷終

園冶目錄卷之二

目錄二卷終

園冶卷之二

欄杆

欄杆信畫而成減便爲雅古之回文万字一槩屏去少留凉床佛座之用園屋間一不可製也予歷數年存式百狀有工而精有減而文依次序變幻式之於左便爲摘用以筆管式爲始近有將篆字製欄杆者况理畫不匀意不聯絡予斯式中尚覺未盡儘可粉飾

欄杆式

筆管式

欄杆以筆管式爲始以單變雙雙則如意變畫以勻而成故有名無名者恐有遺漏總次序記之內有花紋不易製者亦書做法以便鳩匠

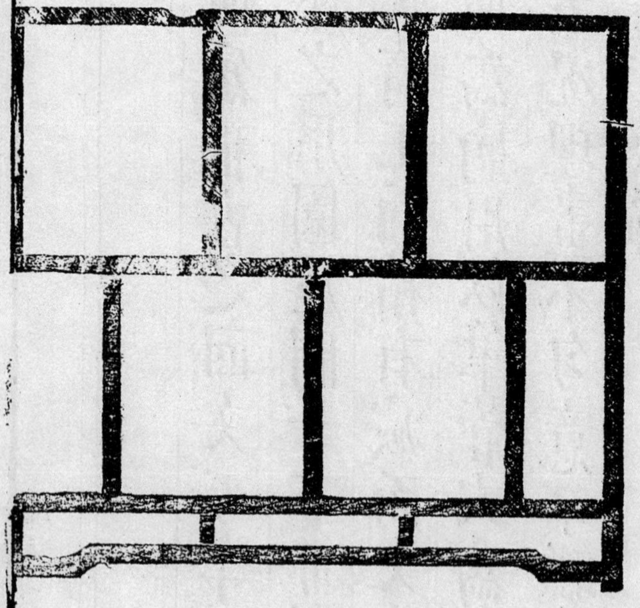

雙筆管式 二

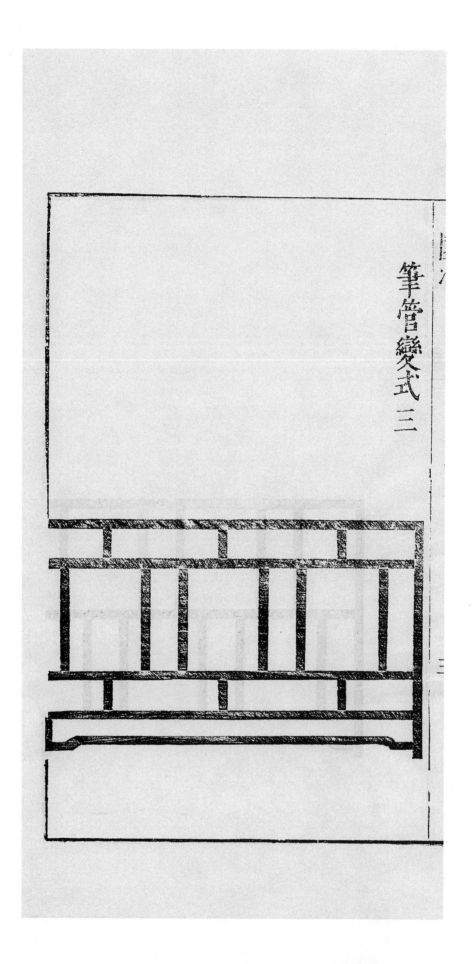

筆管變式　三

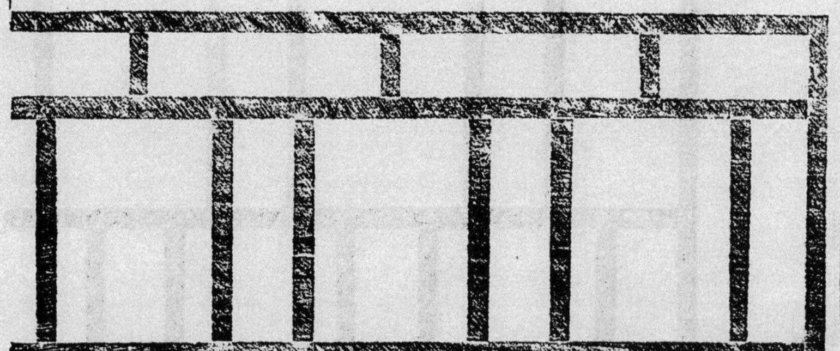

園冶　卷二　四

式四

式五

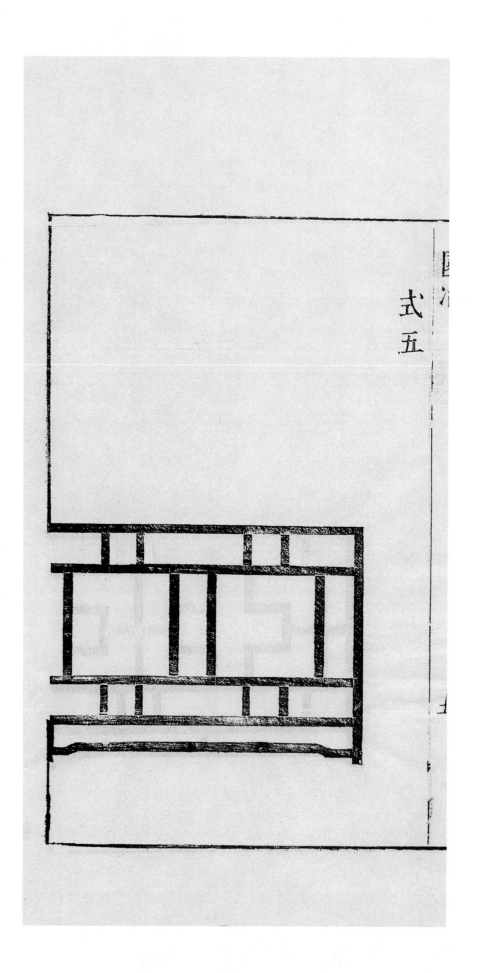

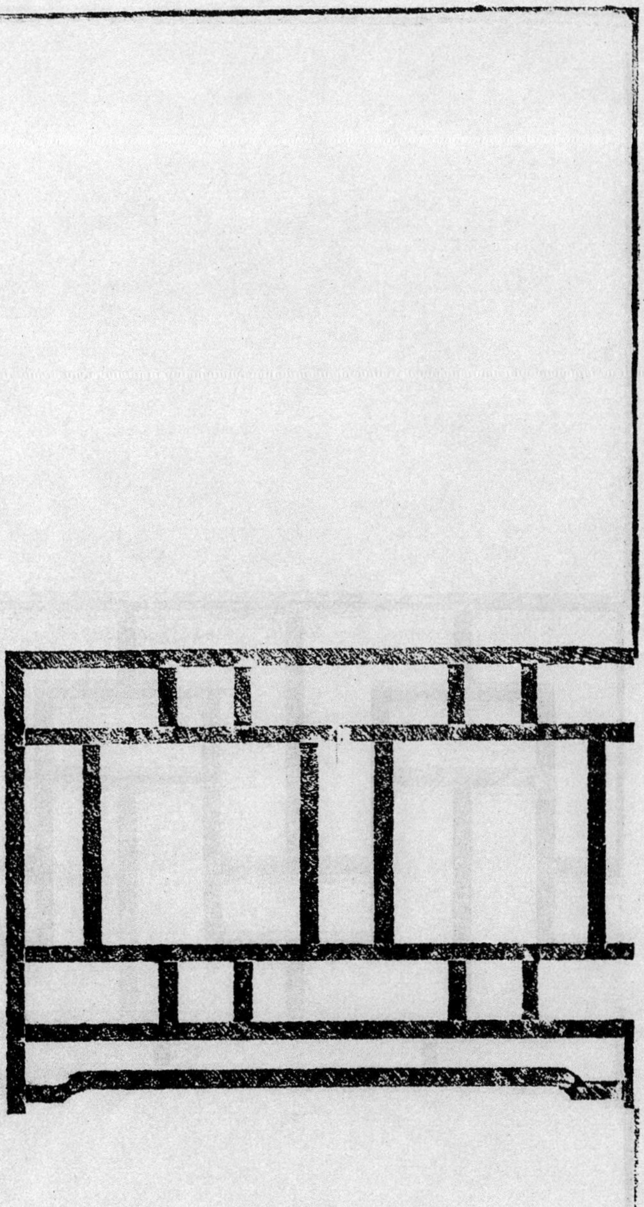

式六

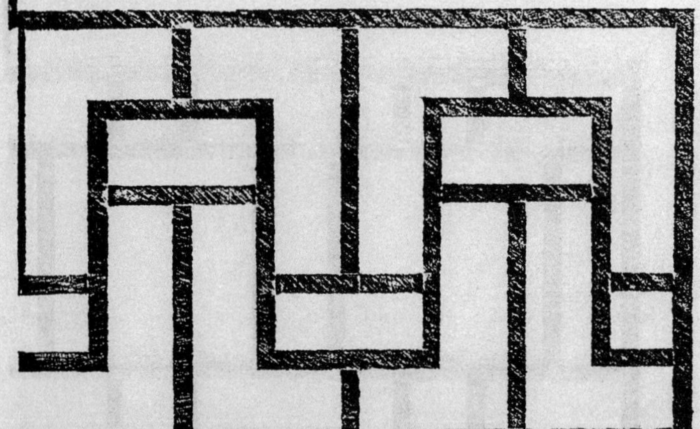

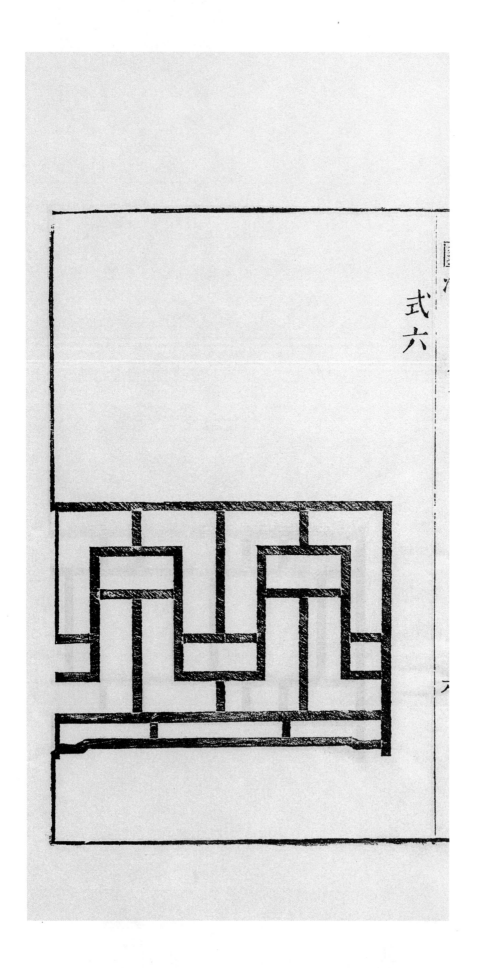

式七

式八

園冶　卷二　九

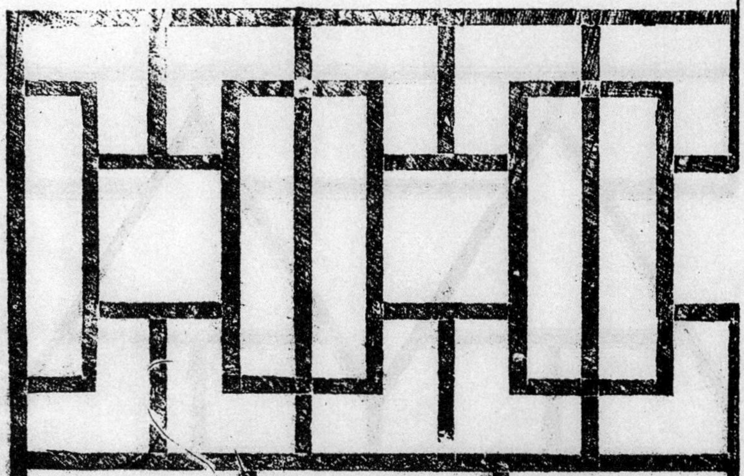

式九

園冶　卷二

式十

式十一

園冶　卷二

縧環式十二

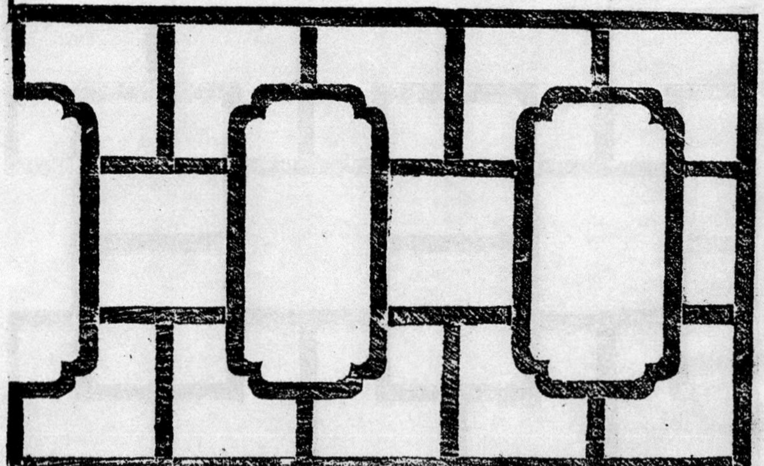

園冶 卷二

横環式十三

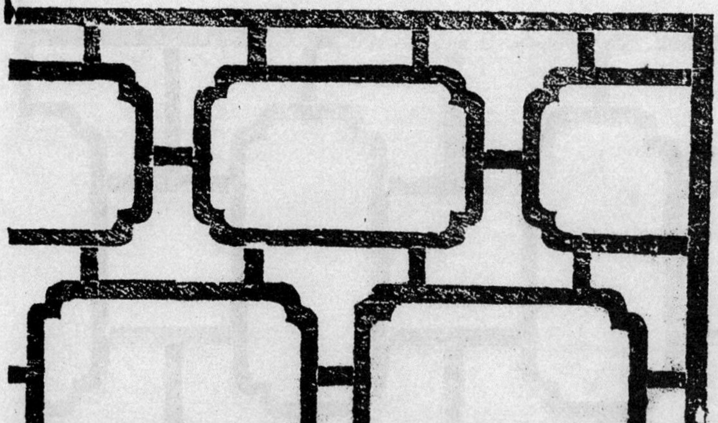

園冶 卷二 十四

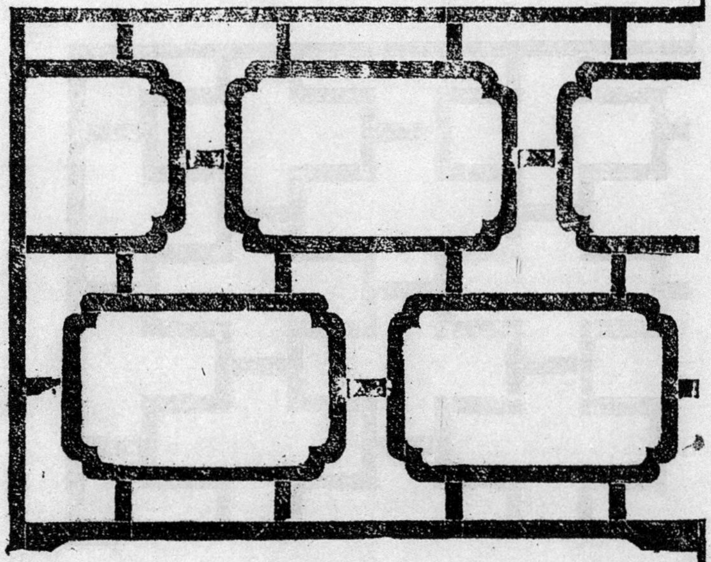

式十四

園冶　卷二

式十五

園冶　卷二

式十六

園冶　卷二

套方式十七

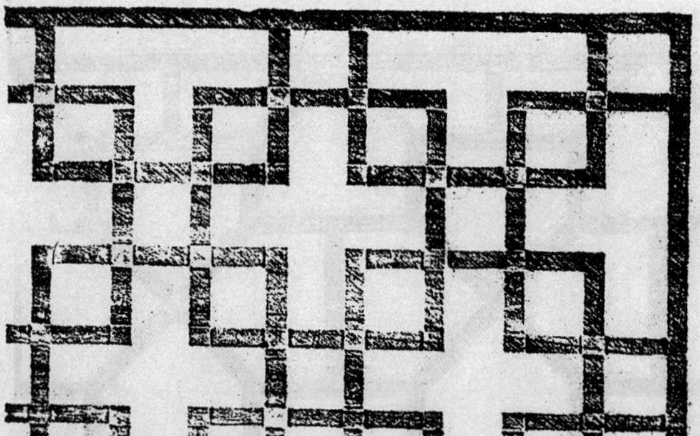

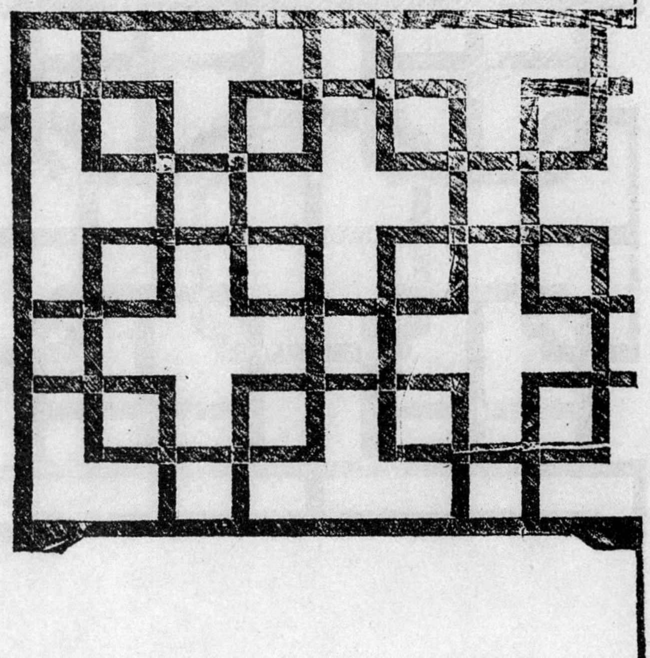

式十八

園冶　卷二

式十九

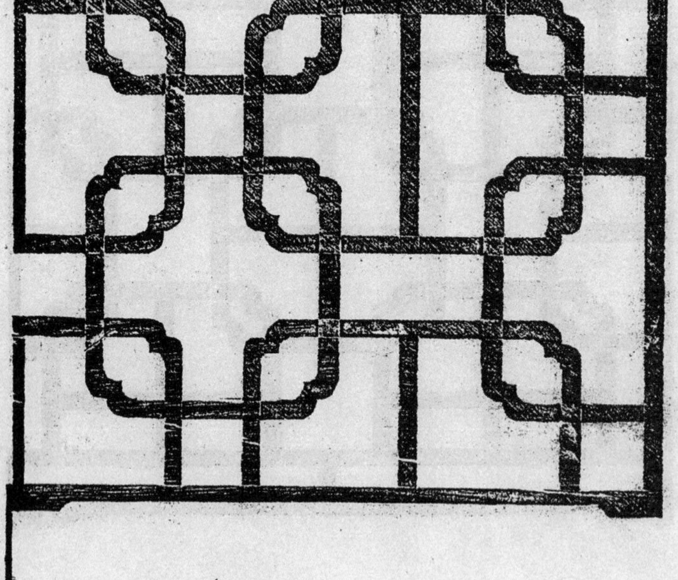

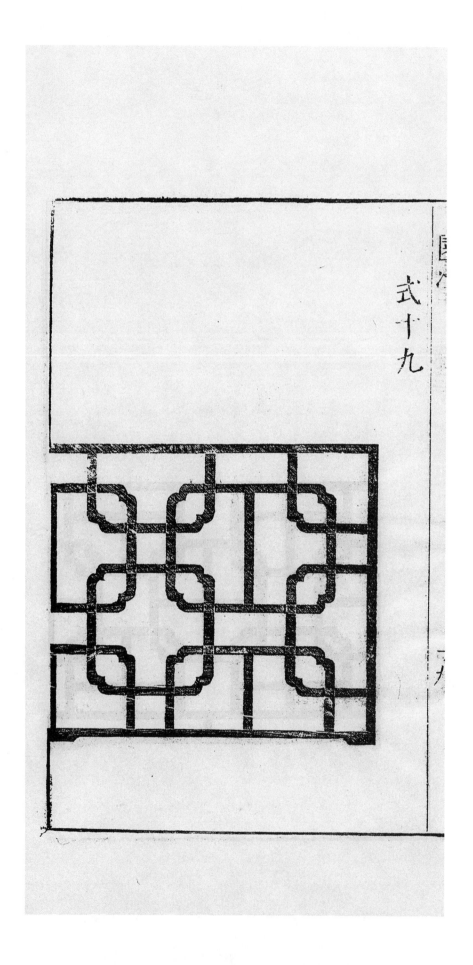

園冶　卷二

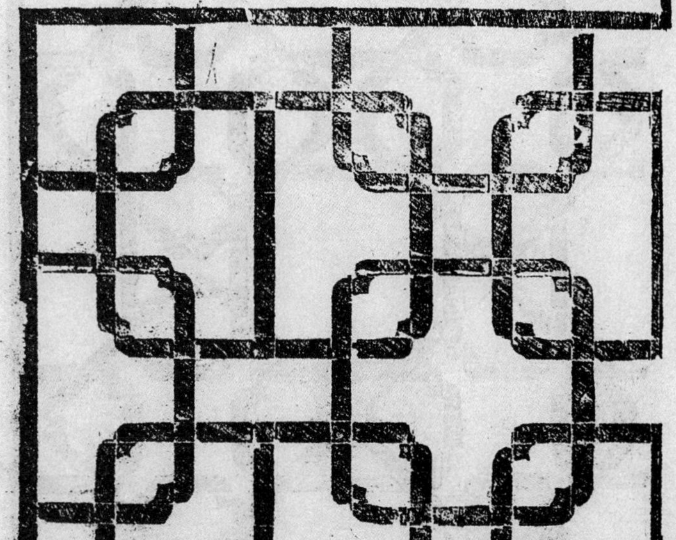

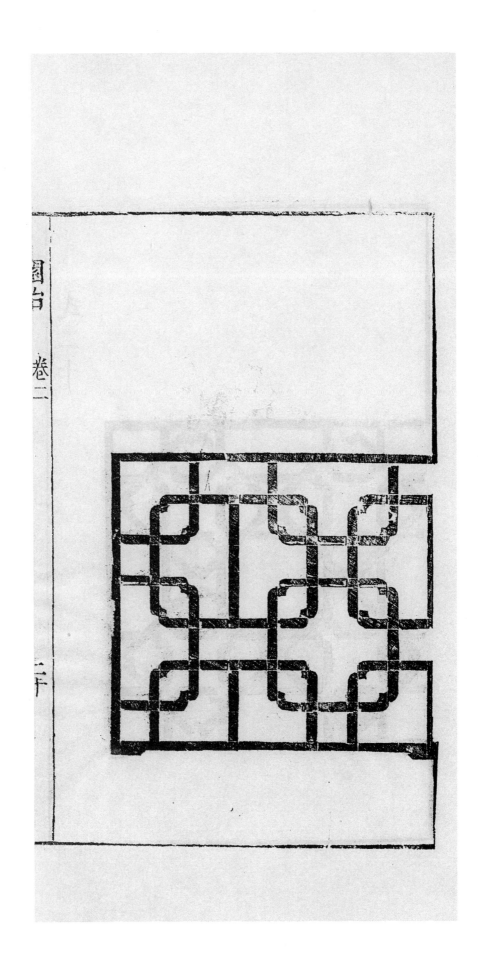

式二十

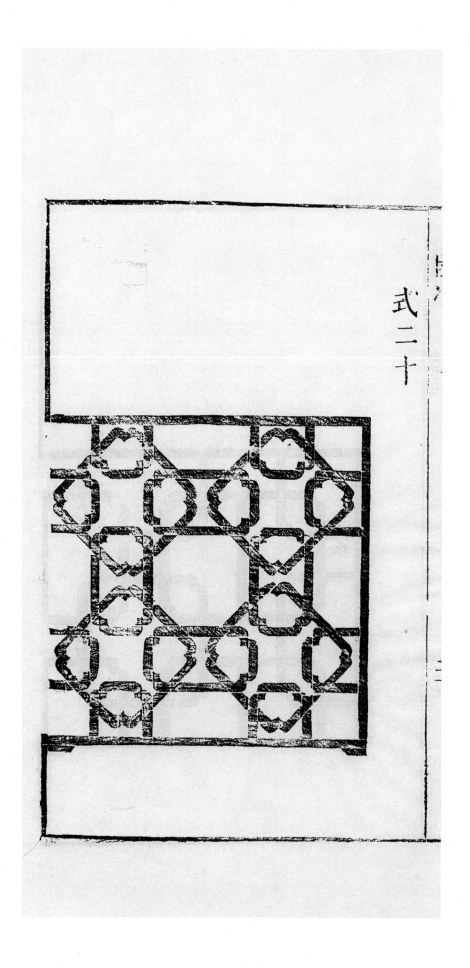

園冶　卷二

式二十一

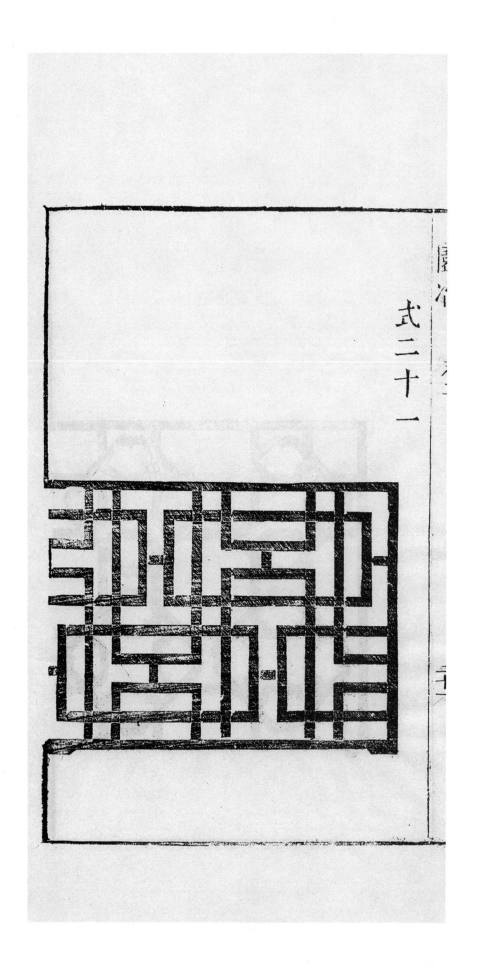

園冶
卷二

式二十二

園冶　卷二　三三

式二十三

圖

式二十四

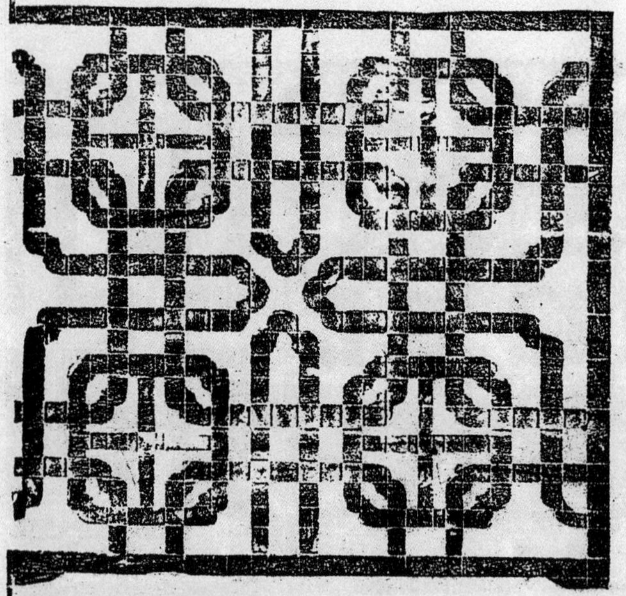

式二十五

園冶 卷二

式二十六

園冶　卷二　二七

式二十七

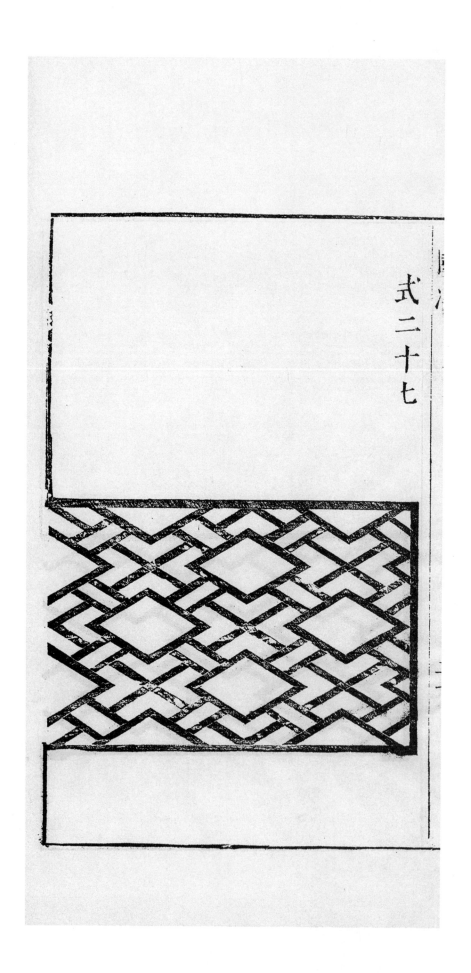

式二十八

園冶　卷二

三方式二十九

式三十

園冶　卷二　三上

式三十一

園冶　卷二

式三十二

園冶　卷二

式三十三

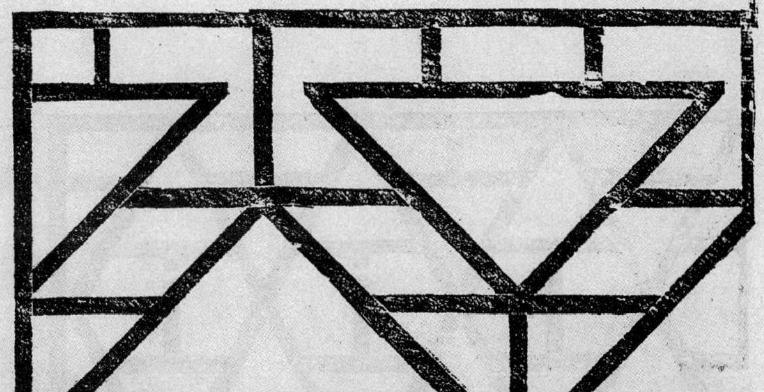

式三十四

式三十五

園冶 卷二

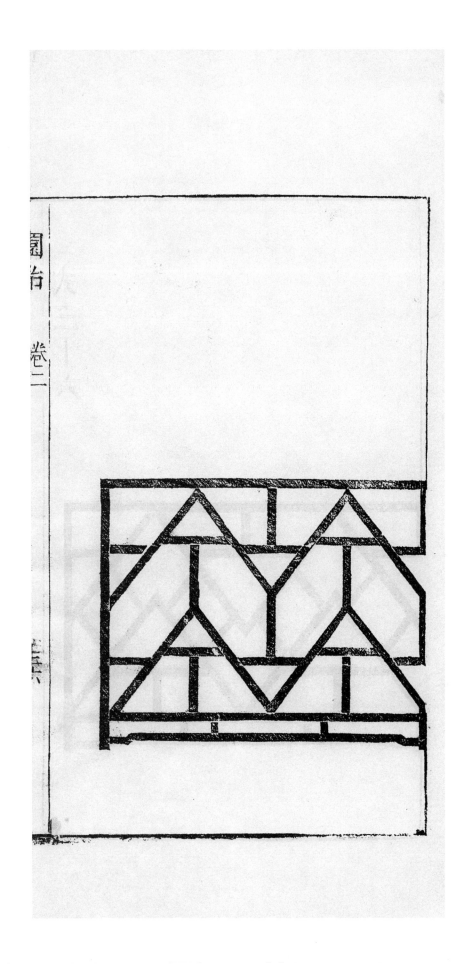

式三十六

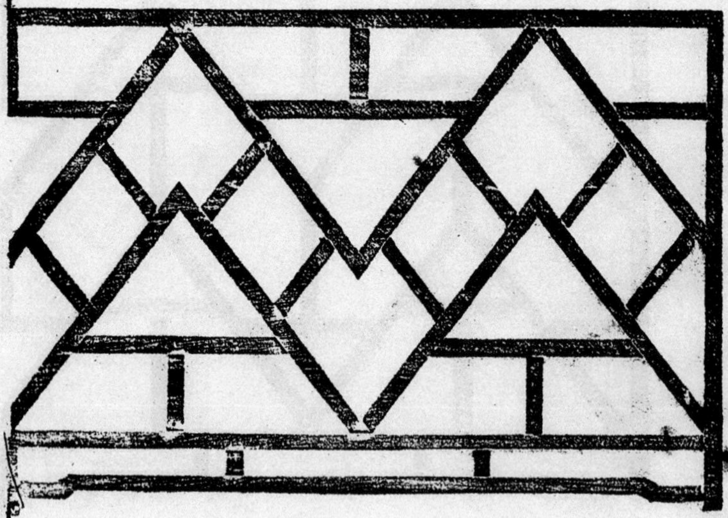

式三十七

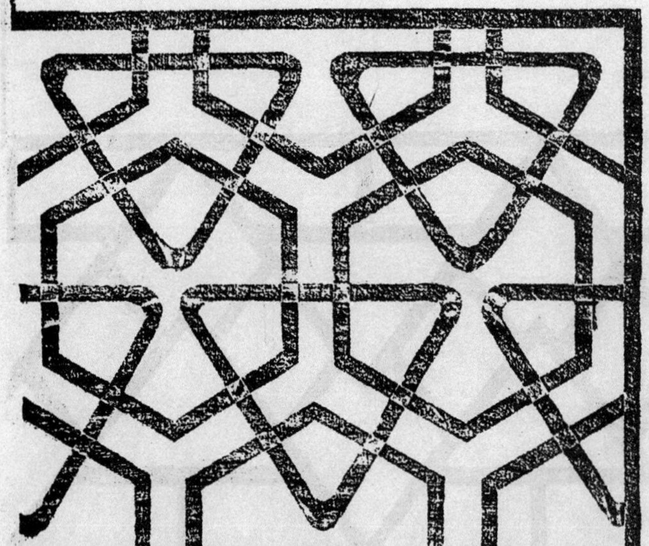

錦葵式三十八

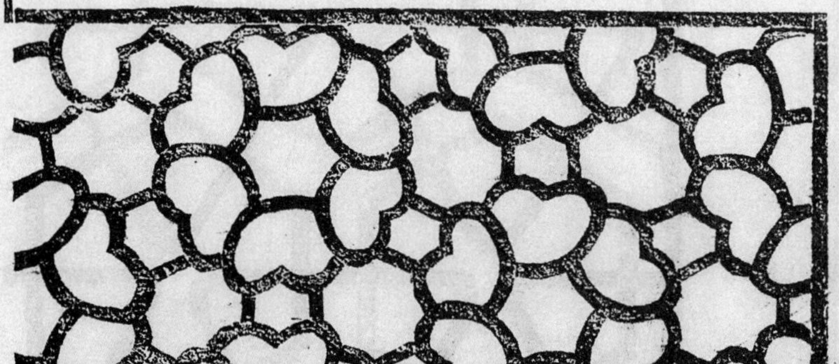

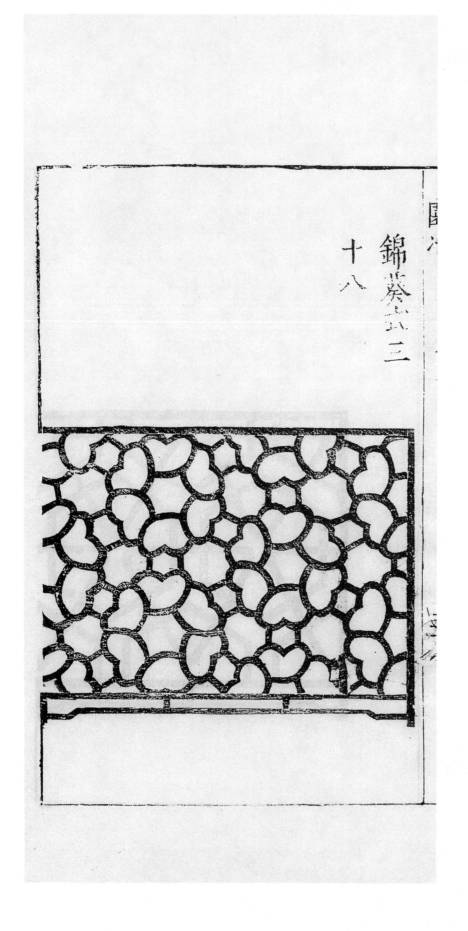

先以六料攢心然後加瓣如斯做法

斯一料

攢心

斯一料

鬭瓣

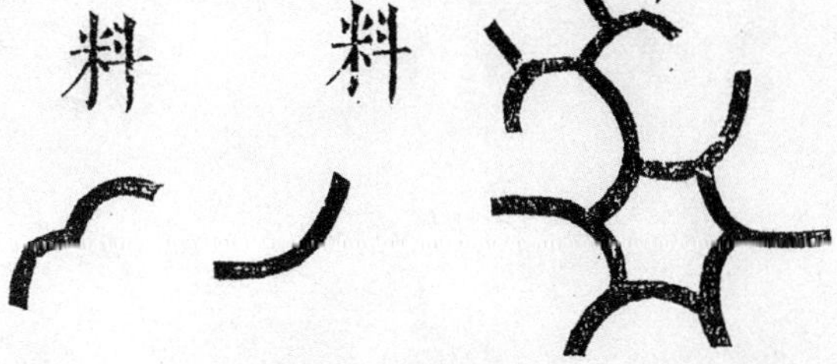

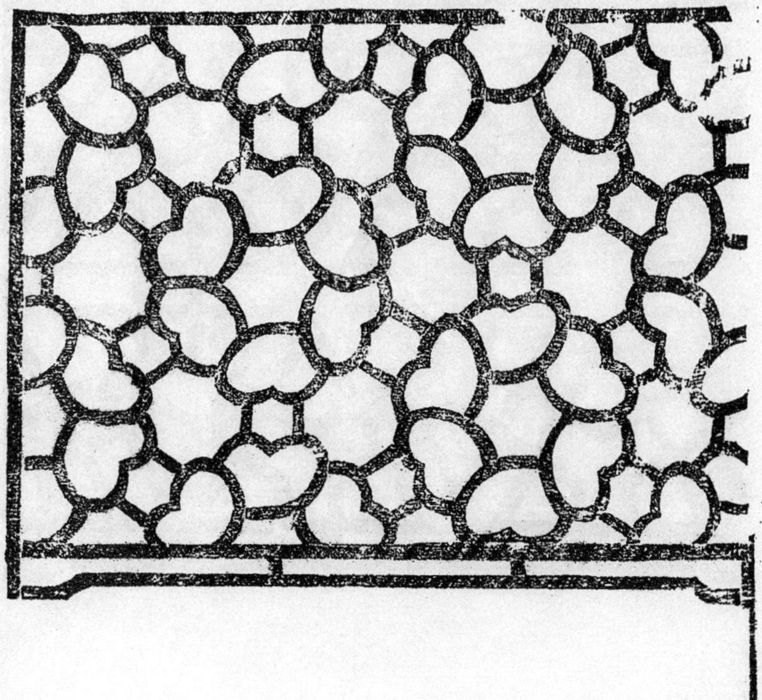

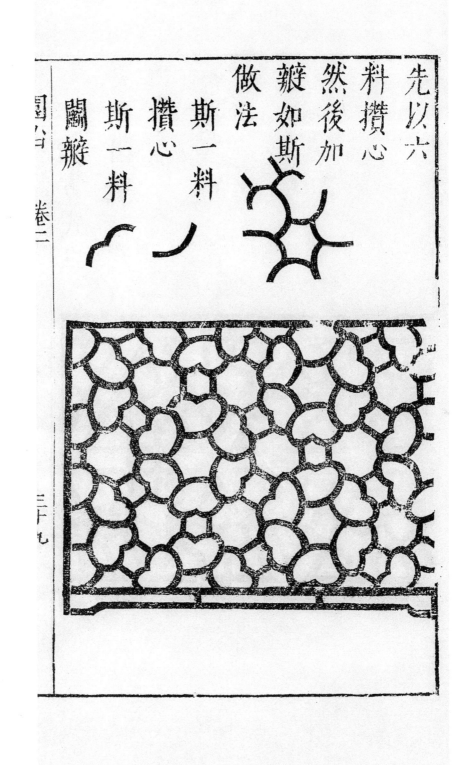

六方式三十九

園冶　卷二　四十

葵花式四十

園冶　卷二

式四十一

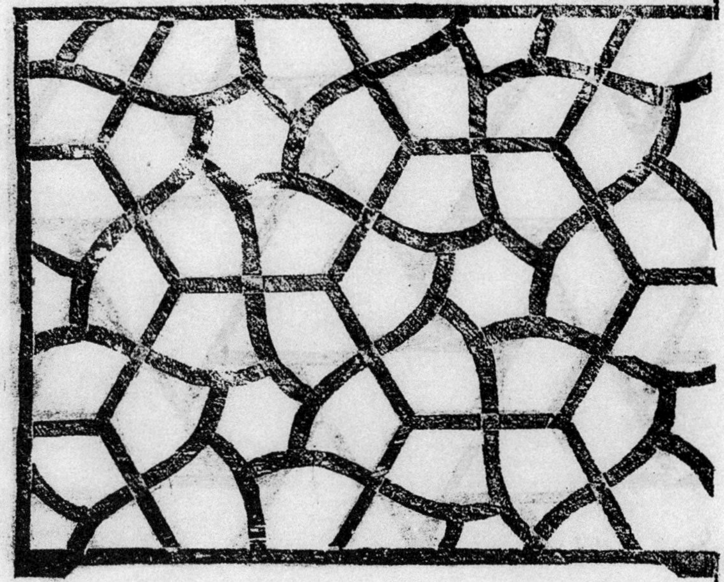

式四十二

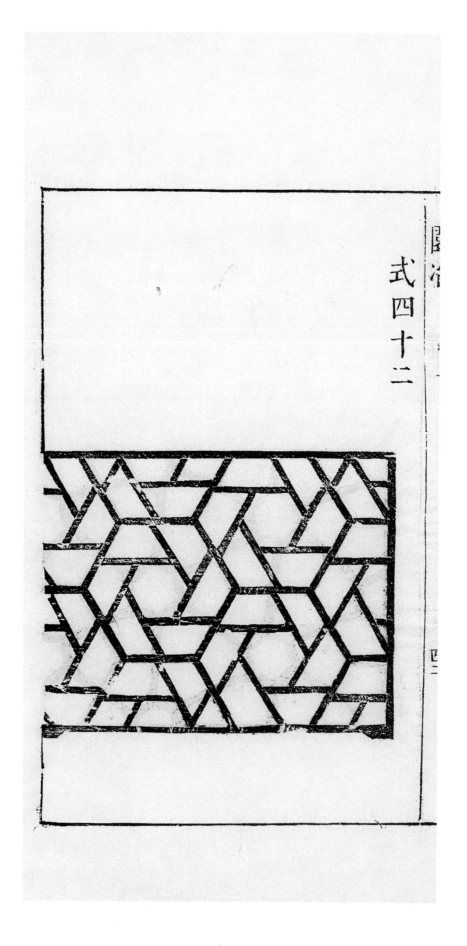

園冶　卷二

四三

式四十三

園冶　卷二

式四十四

式四十五

園冶　卷二
四十

波紋式四

十六

惟斯一料可做

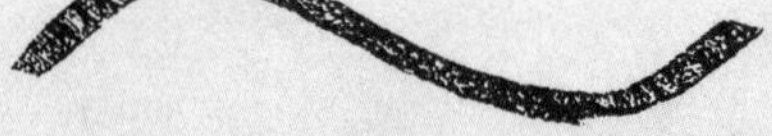

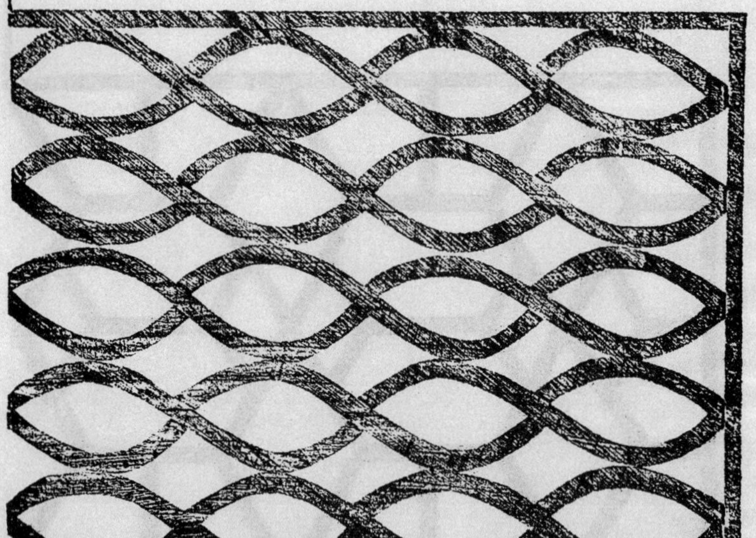

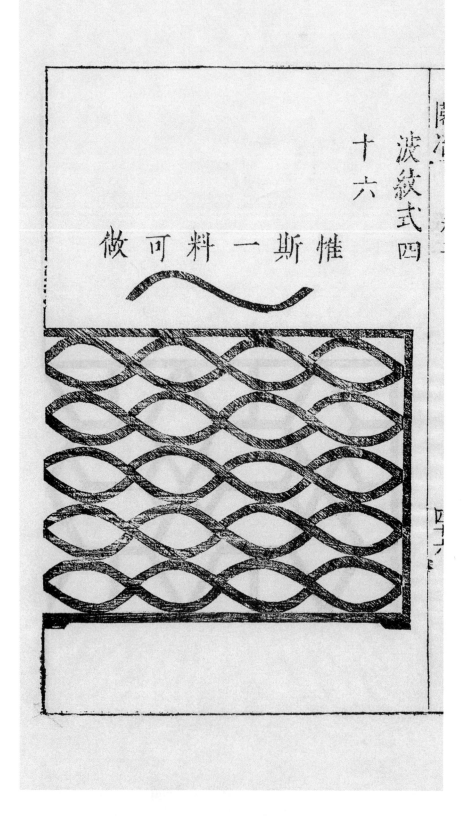

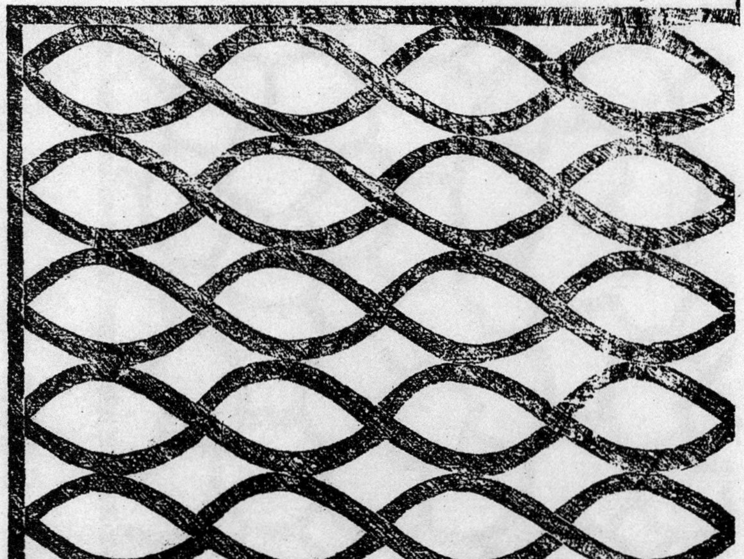

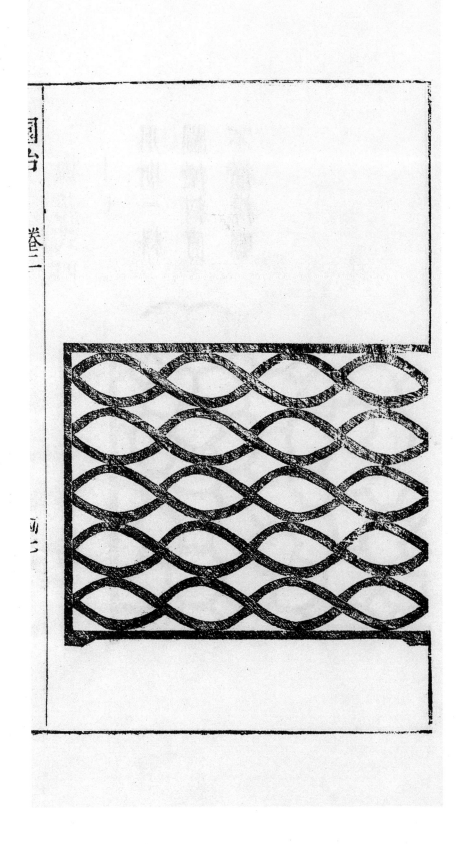

梅花式四

十七

用斯一料

鬭瓣料直

不攢榫眼

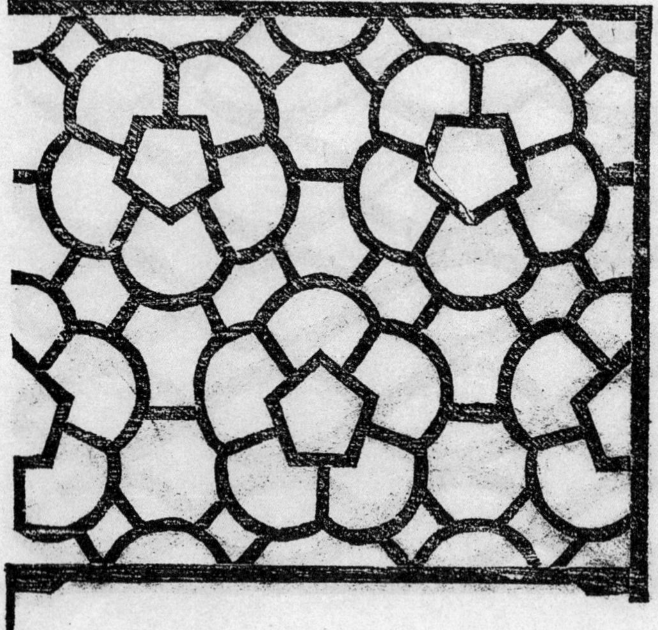

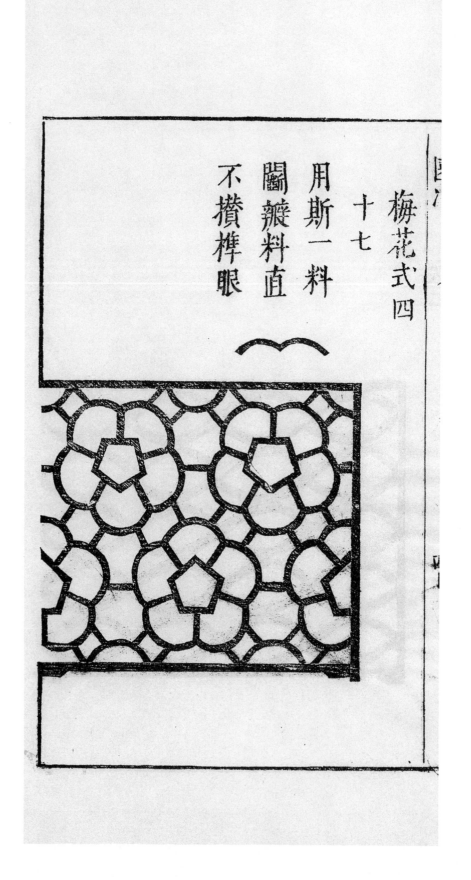

園冶　卷二

鏡光式四
十八

園冶
卷二

式四十九

園冶　卷二

式五十

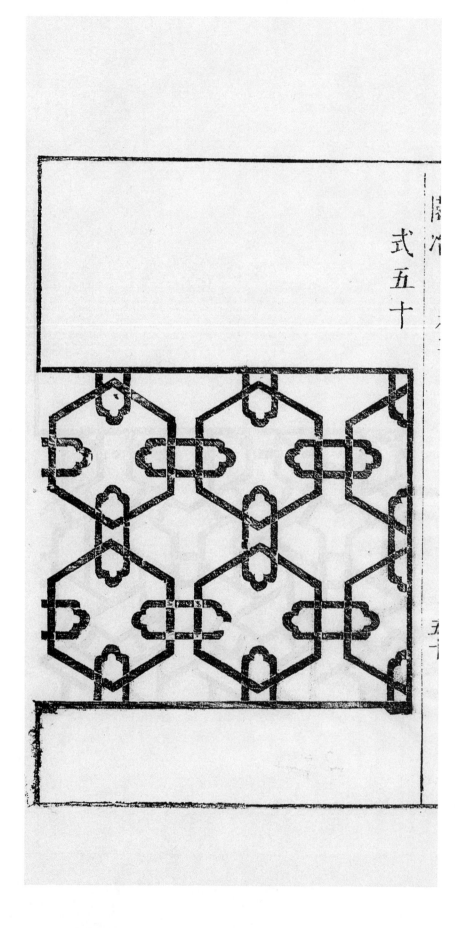

式五十一

園冶　卷二

冰片式五十二

式五十三

式五十四

園冶　卷二　五五

式五十五

聯瓣葵花式

五十六

惟斯一料可傲

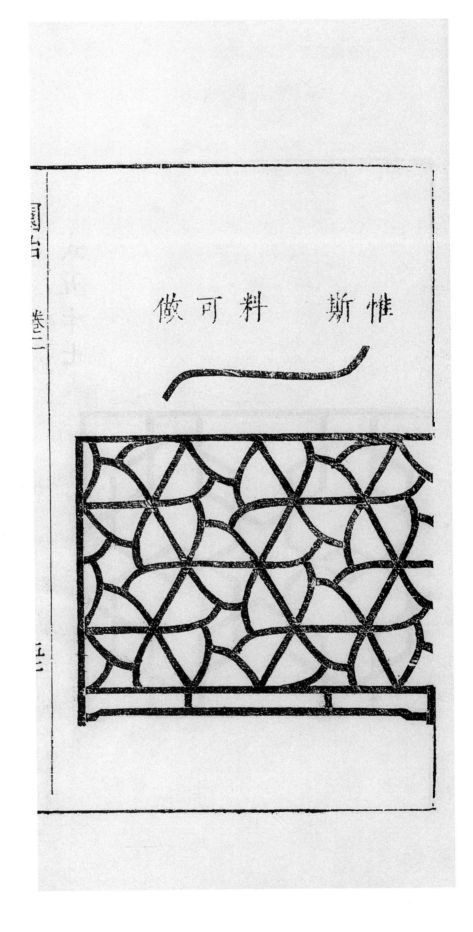

式五十七

式五十八

式五十九

園冶 卷二

式六十

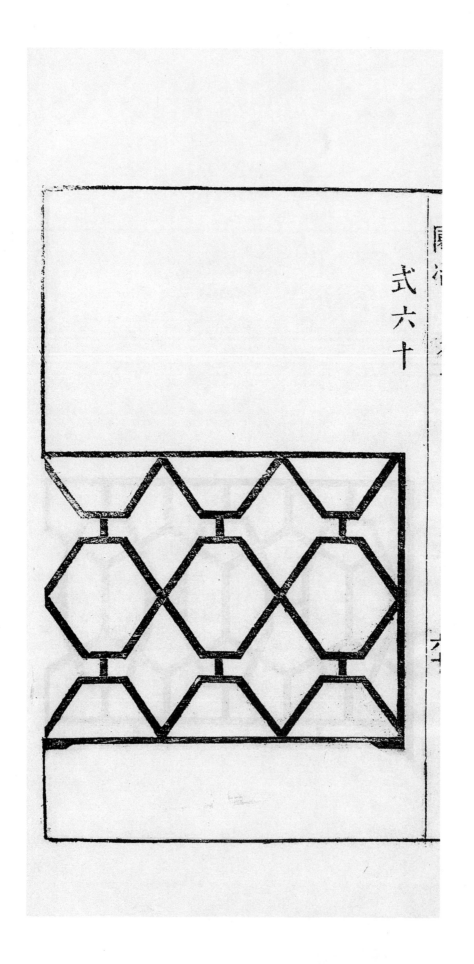

園冶　卷二

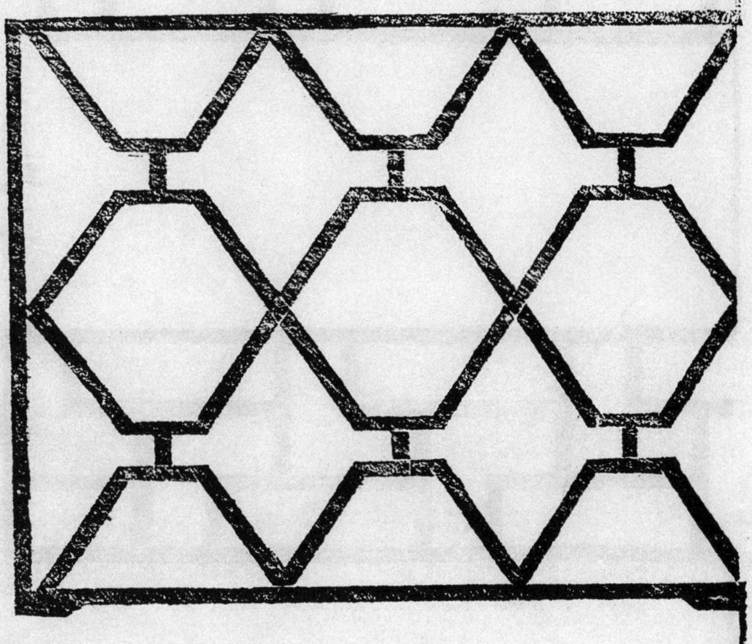

尺欄式
此欄置腰墻用或置窗外

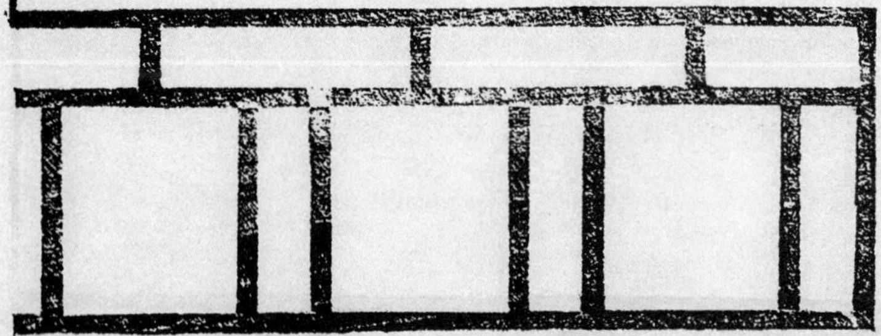

式二

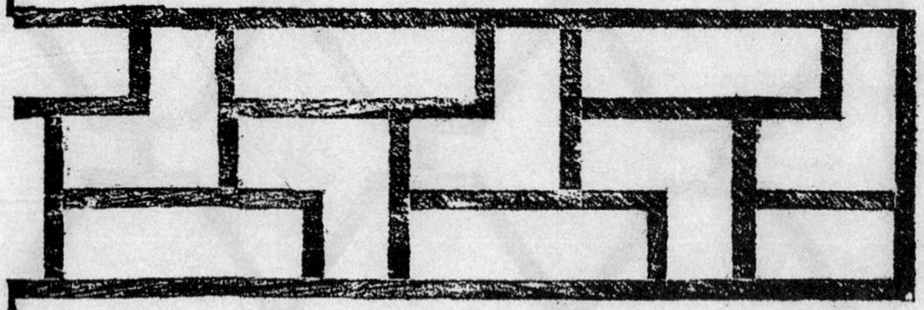

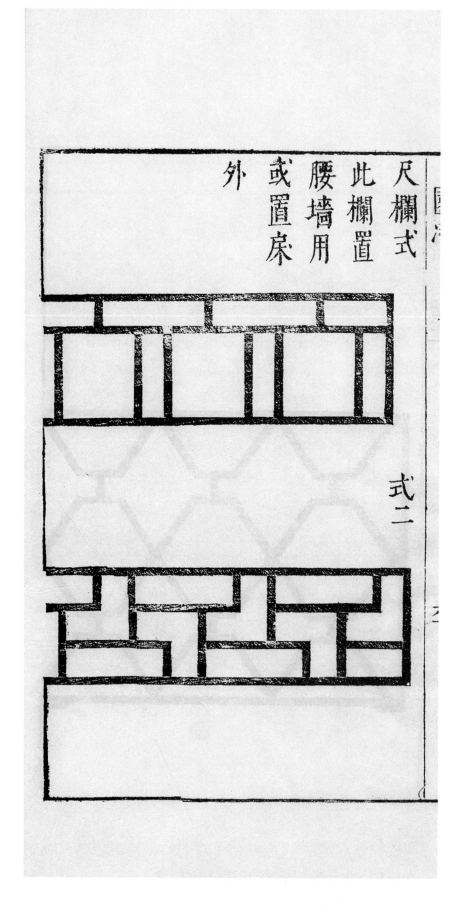

園冶　卷二

三

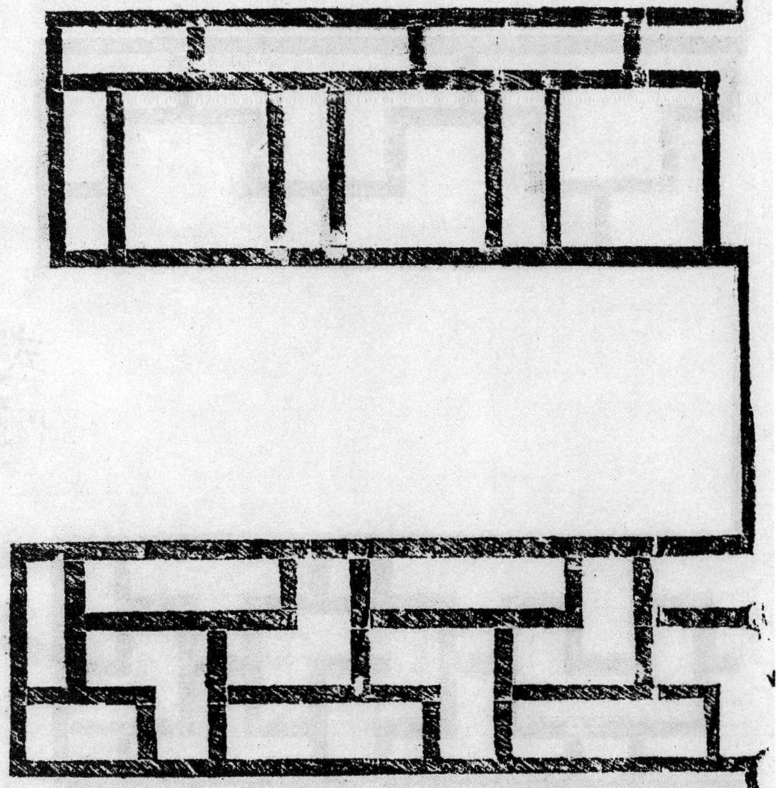

式三

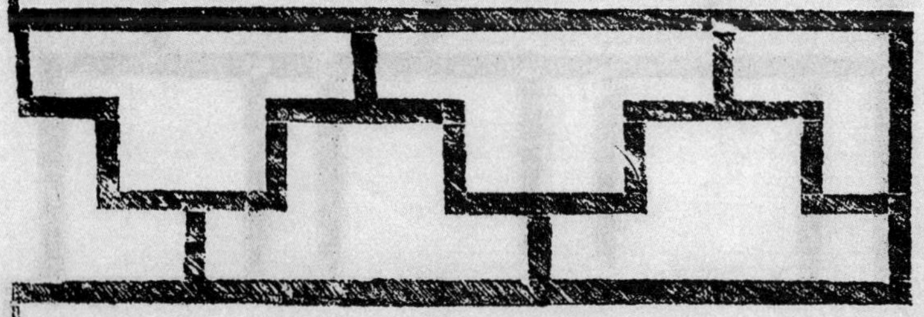

式四

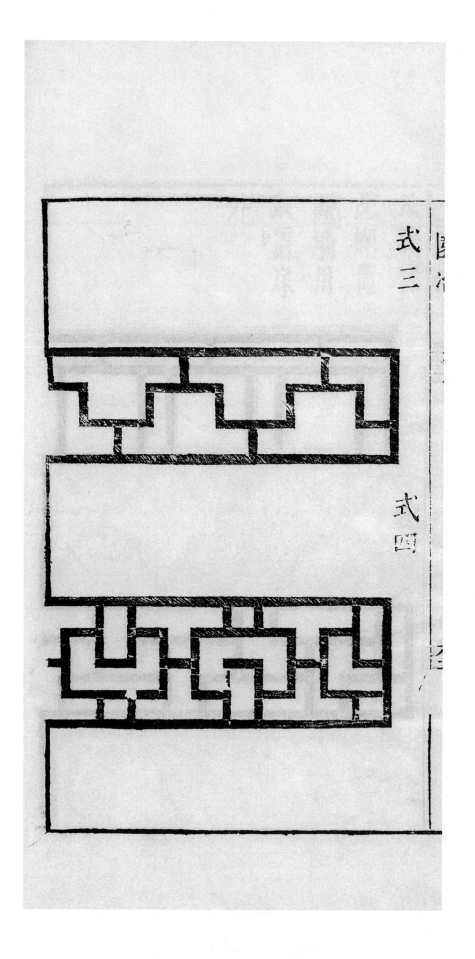

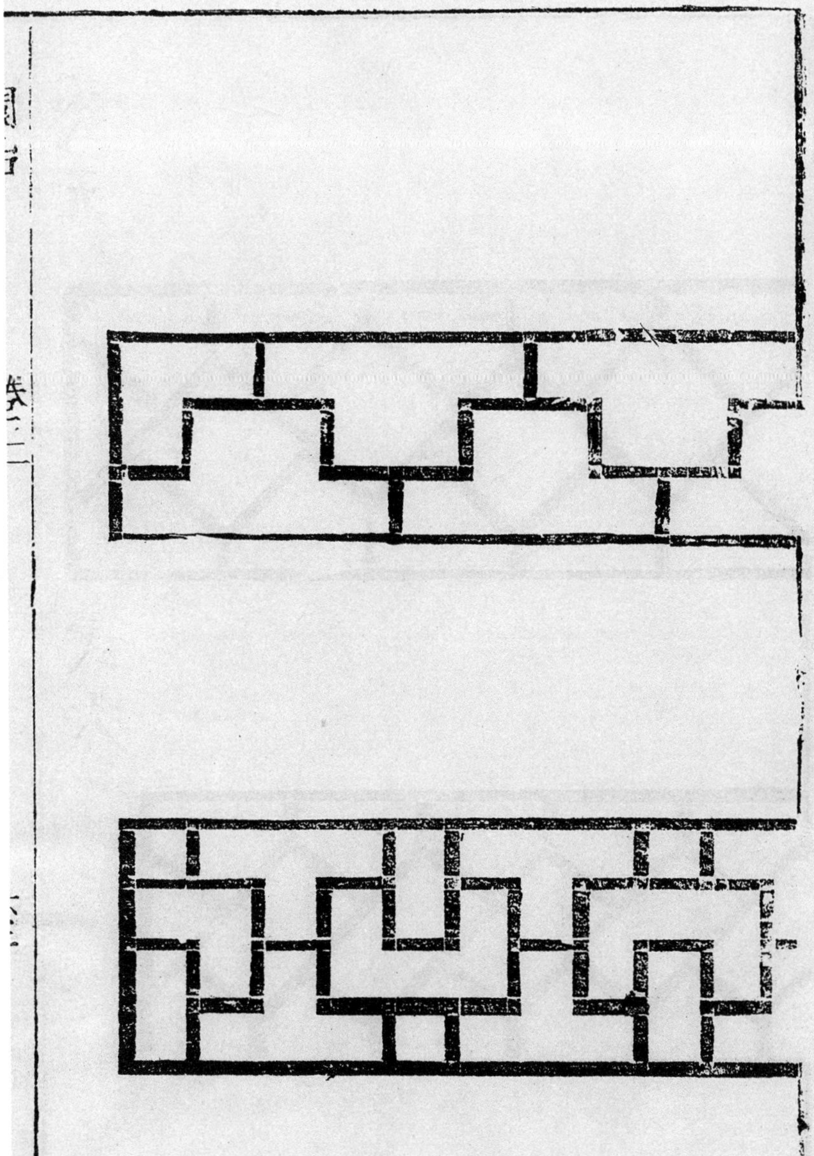

式五

式六

式七

式八

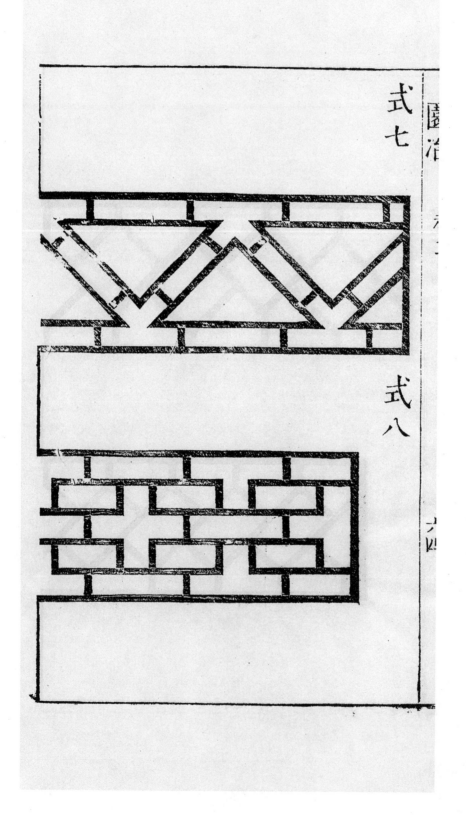

式九

式十

園冶　卷二

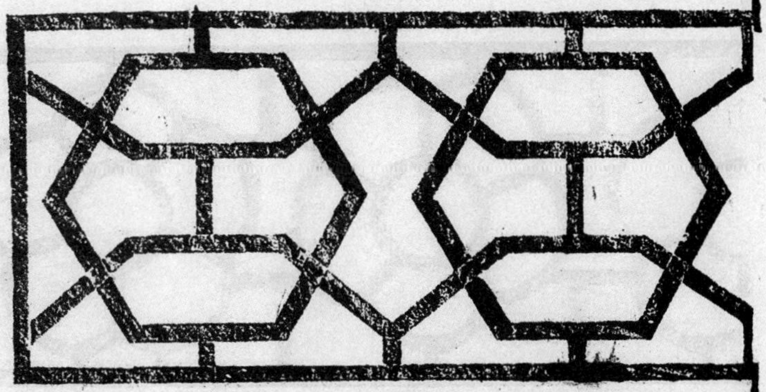

式十一

式十二

園冶
卷二

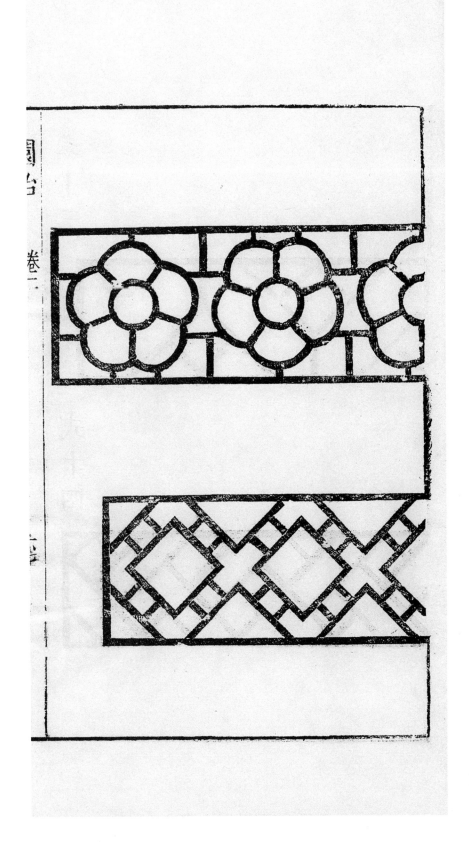

式十三

式十四

式十五

式十六

園冶
卷二

短欄式一

式二

式三

式四

式五

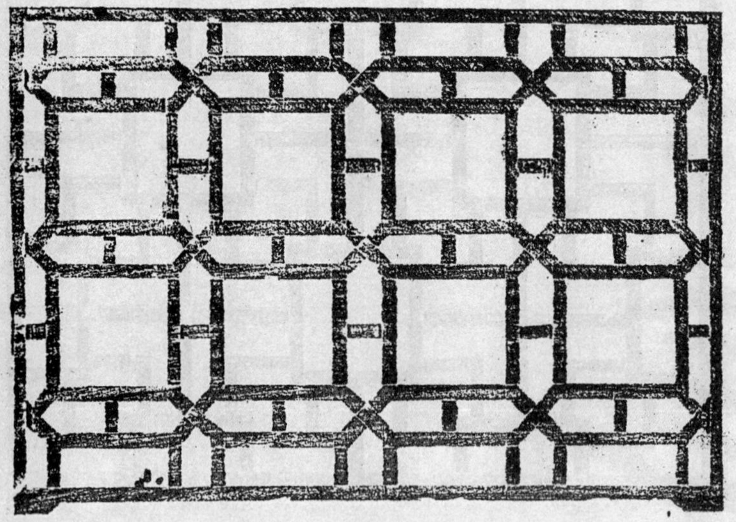

武六

圖式 卷二

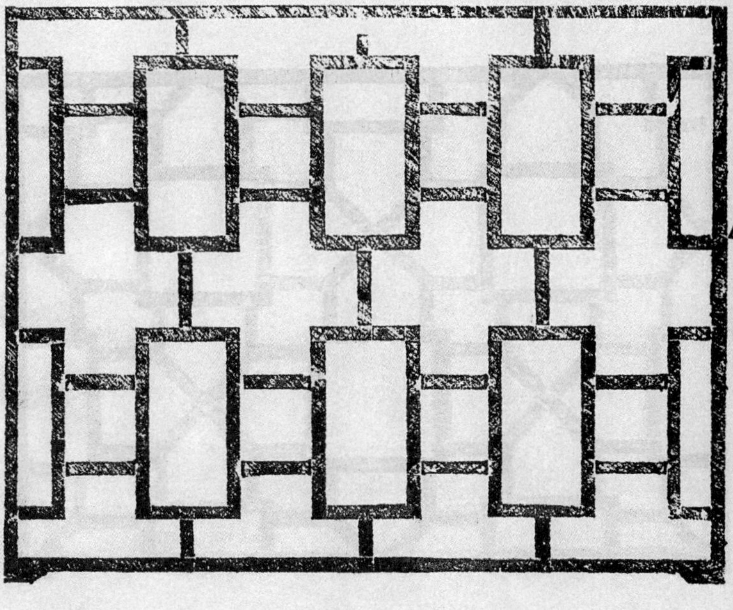

式七

式八

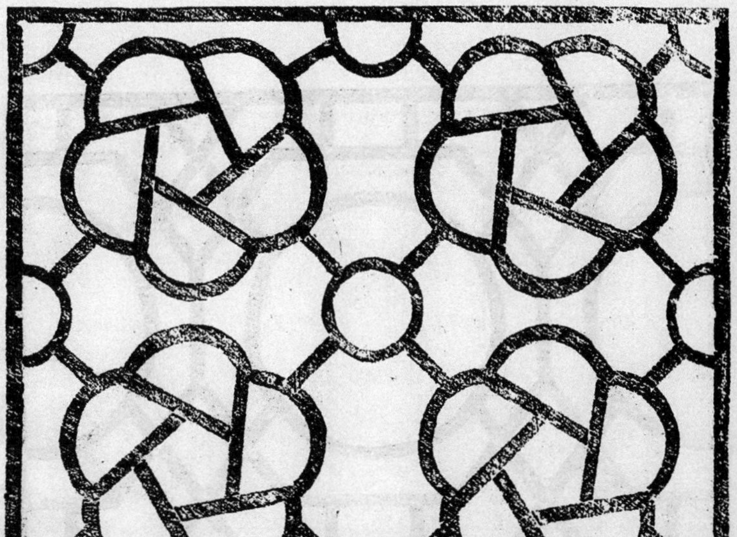

園冶 卷二

式九

式十

式十一

式十二

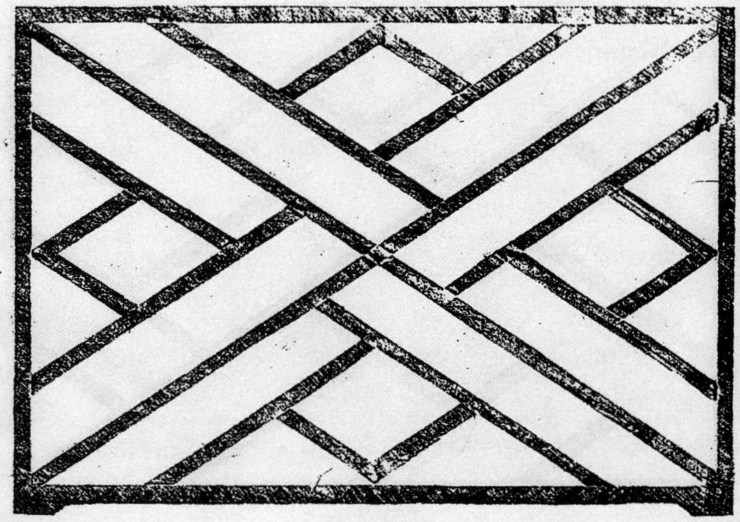

式十三

式十四

式十五

式十六

園冶 卷二

式十七

短尺欄式

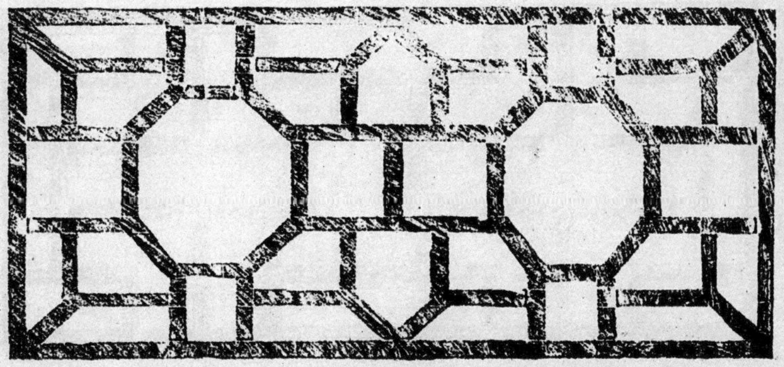

式二

式三

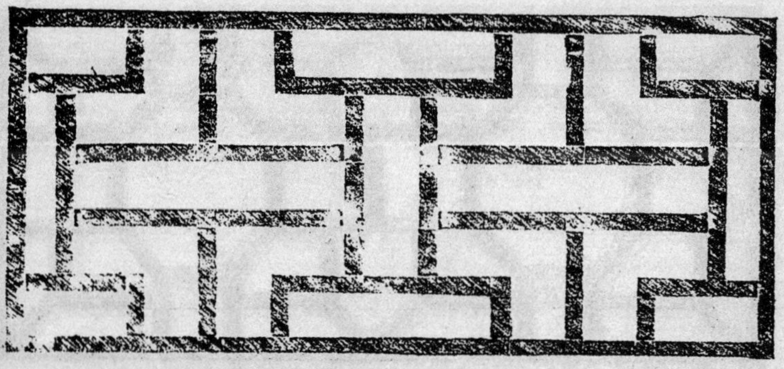

式四

式五

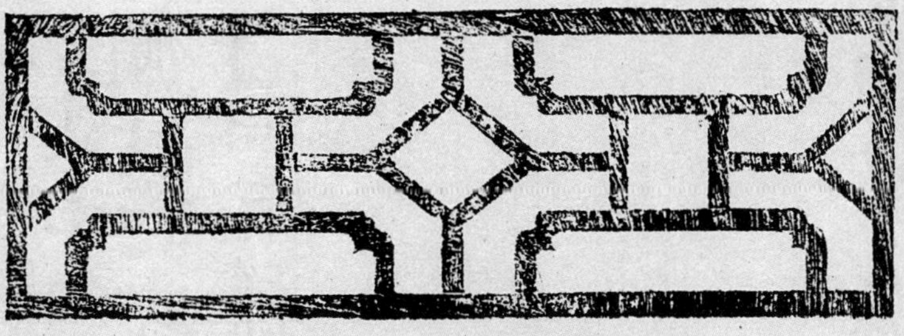

式六

園冶 卷二

欄杆諸式

計一百樣

式七

園冶二卷終

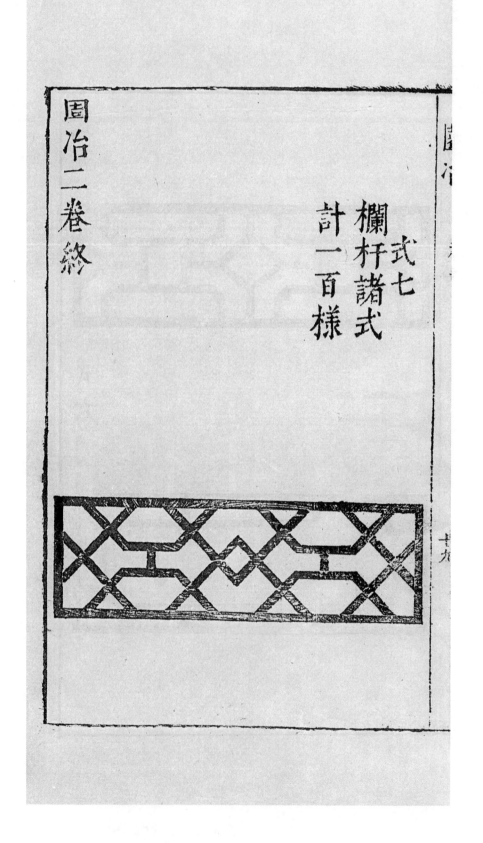

園冶目錄卷之三

五門窗

月窗式　　片月式
八方式　　六方式
菱花式　　如意式
梅花式　　葵花式
海棠式　　寉子式
貝葉式　　六方嵌梔子式
梔子花式　　鑵式

六墻垣

白粉墻　　磨磚墻

漏磚墻　亂石墻

漏明墻式　計十六樣

七鋪地

亂石路　鵞子地

氷裂地　諸磚地

人字式　蓆紋式

間方式　斗紋式

六方式　攢六方式

八方間六方式　套六方式

長八方式　四方間十字式

香草邊式　毬門式

海潮式

八　掇山

園山　廳山

樓山　閣山

書房山　池山

內室山　峭壁山

山石池　金魚缸

峯　巒

巖　洞

澗　曲水

瀑布

九選石

太湖石　崑山石

宜興石　龍潭石

青龍山石　靈壁石

峴山石　宣石

園冶三卷目録終

園冶卷之三

五門窗

門窗磨空製式時裁不惟屋宇番新斯謂林園遵雅工精雖專瓦作調度猶在得人觸景生奇含情多致輕紗環碧弱柳窺青偉石迎人別有一壺天地修篁弄影疑來隔水笙簧佳境宜收俗塵安到切忌雕鏤門空應當磨琢窗垣處處隣虛方方側景非傳恐失故式存餘

方門合角式

磨磚方門憑匠俱做叅門磚上過門石或過門

枋者今之方門將磨磚用木栓栓住合角過門于上再加之過門枋雅致可觀

圈門式

凡磨磚門窗量墻之厚薄校磚之大小內空須用滿磨外邊只可寸許不可就磚邊外或白粉或滿磨可也

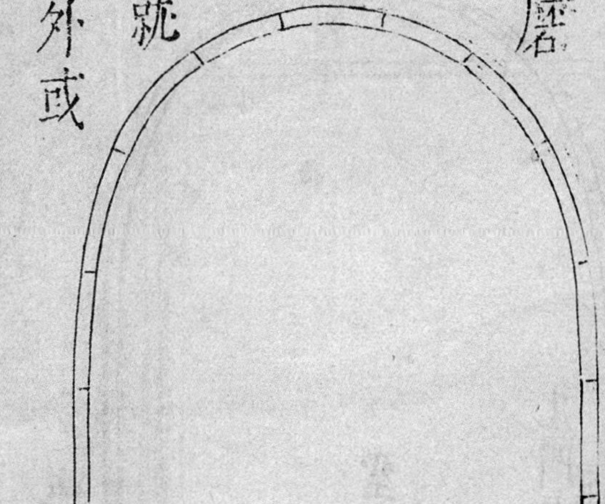

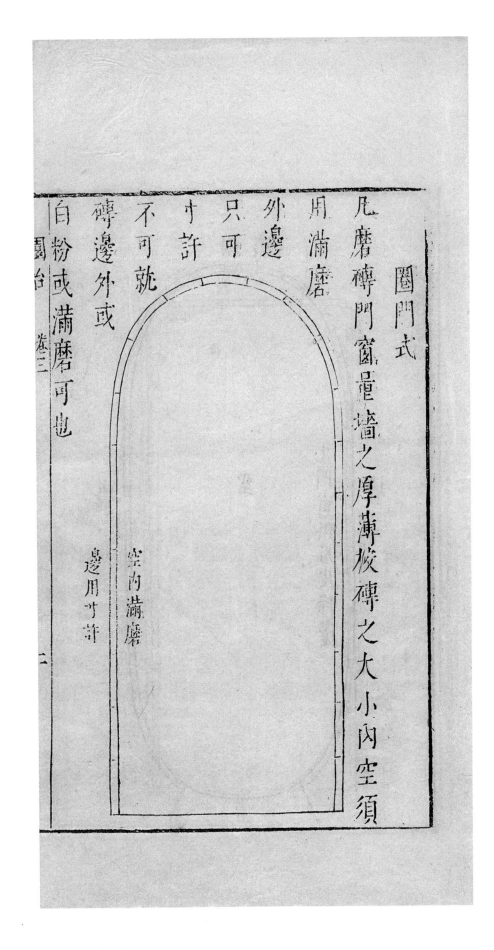

上下圖式

粉牆

牆

牆

空

凡門窗供用皮餘邊

石

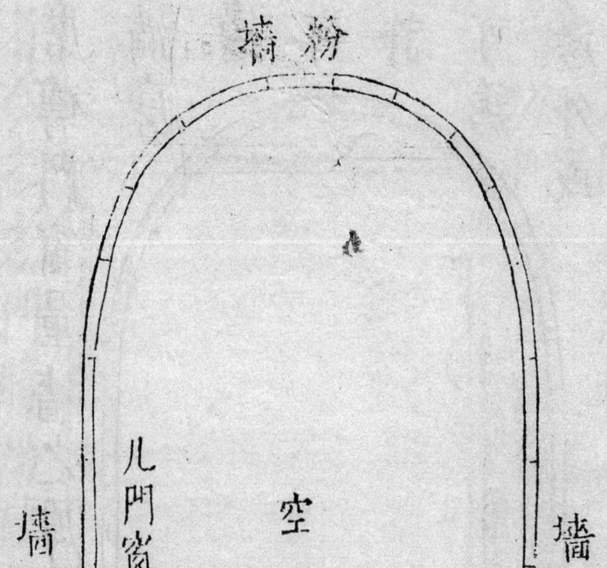

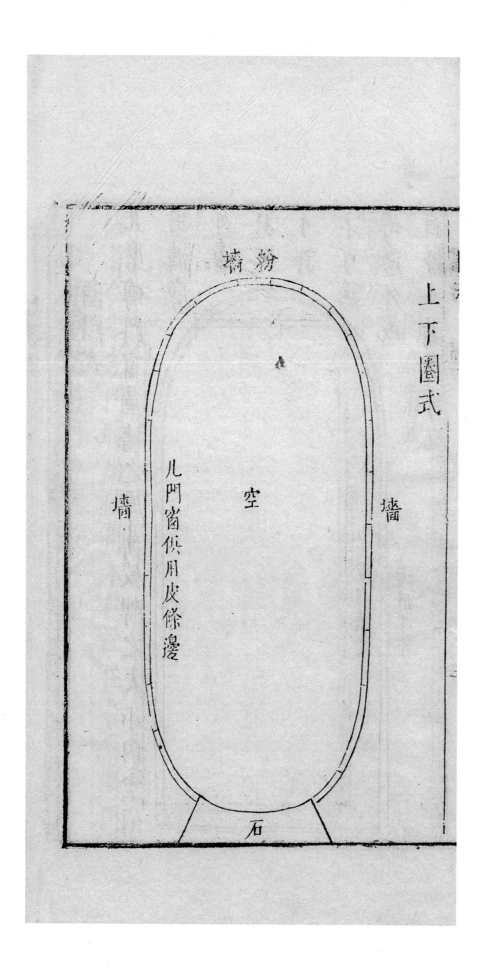

入角式

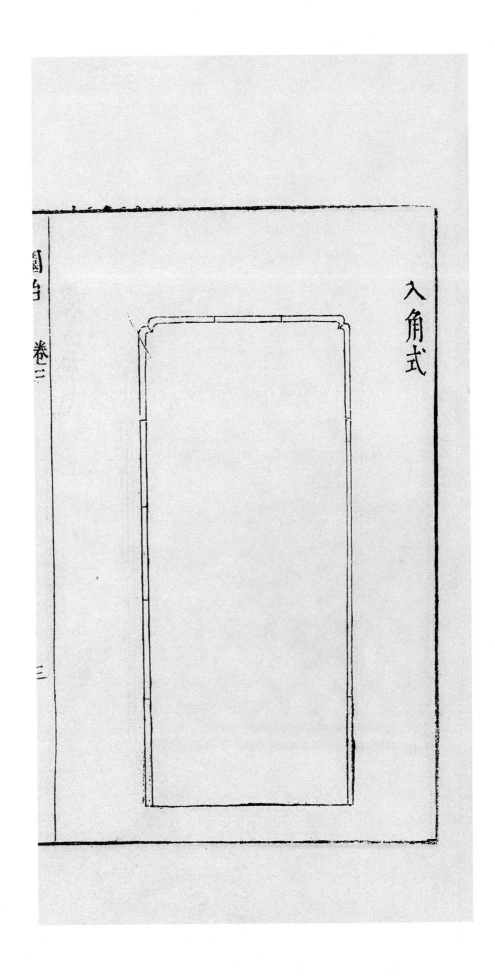

長八方式

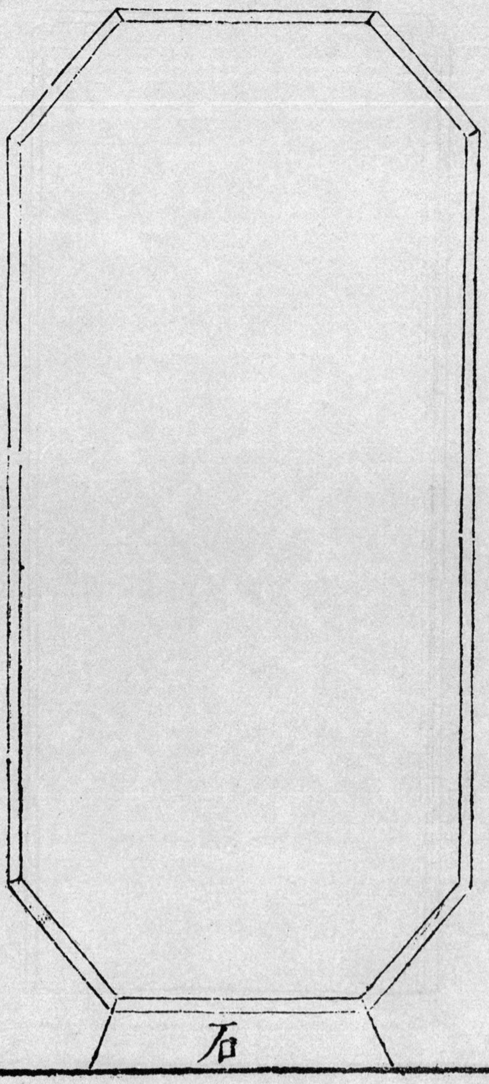

執圭式

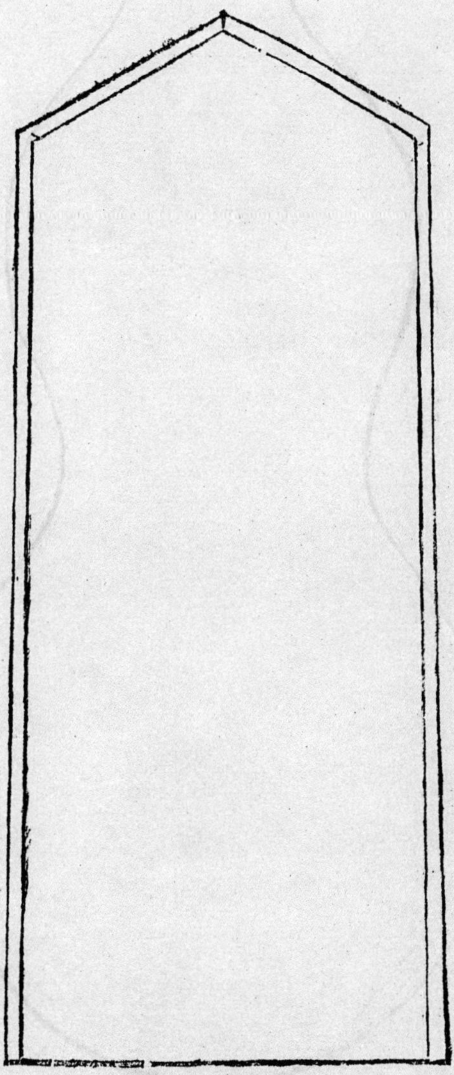

葫蘆式

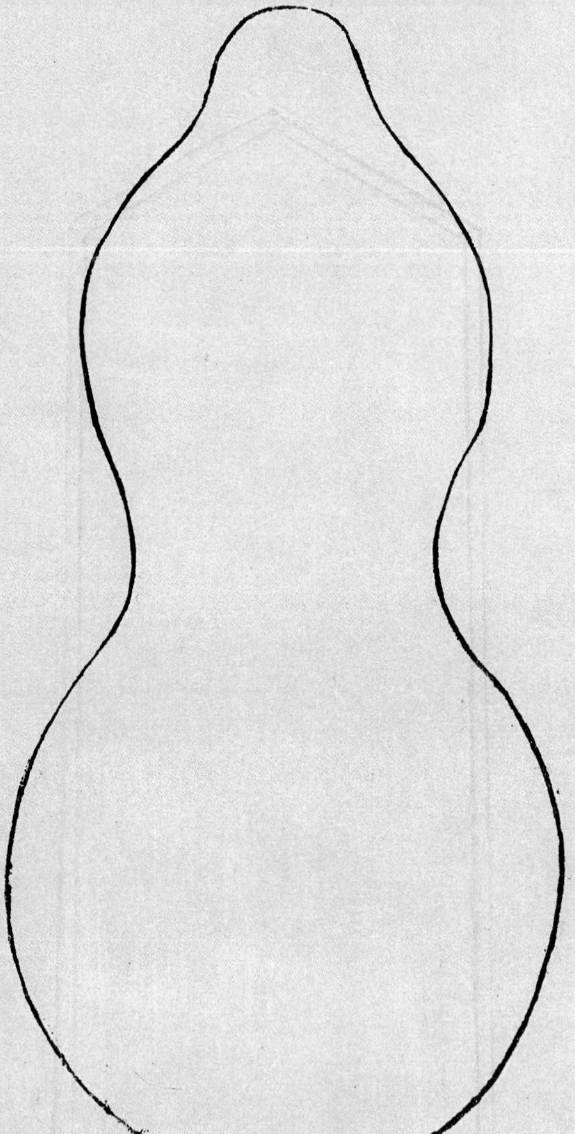

蓮瓣式

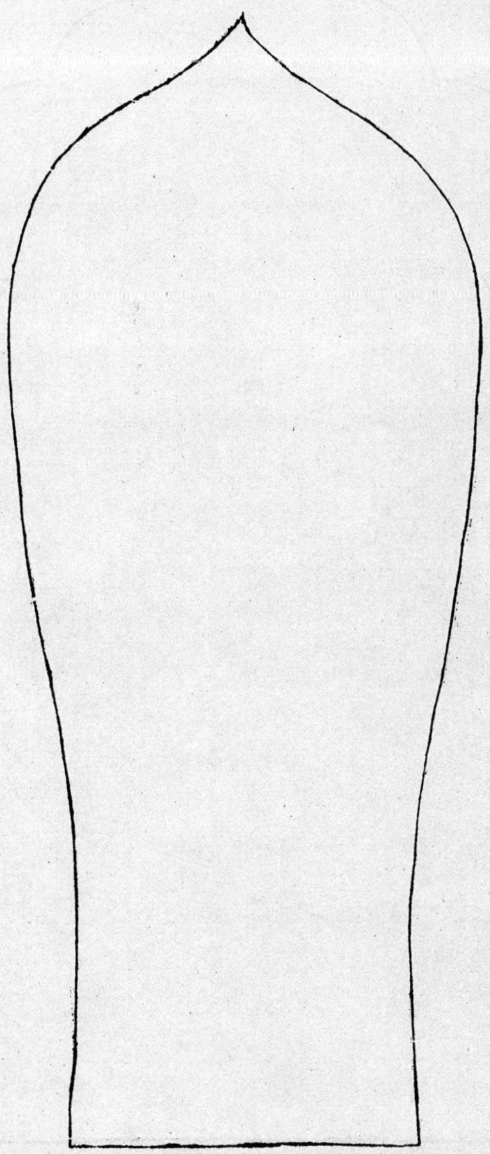

如意式

貝葉式

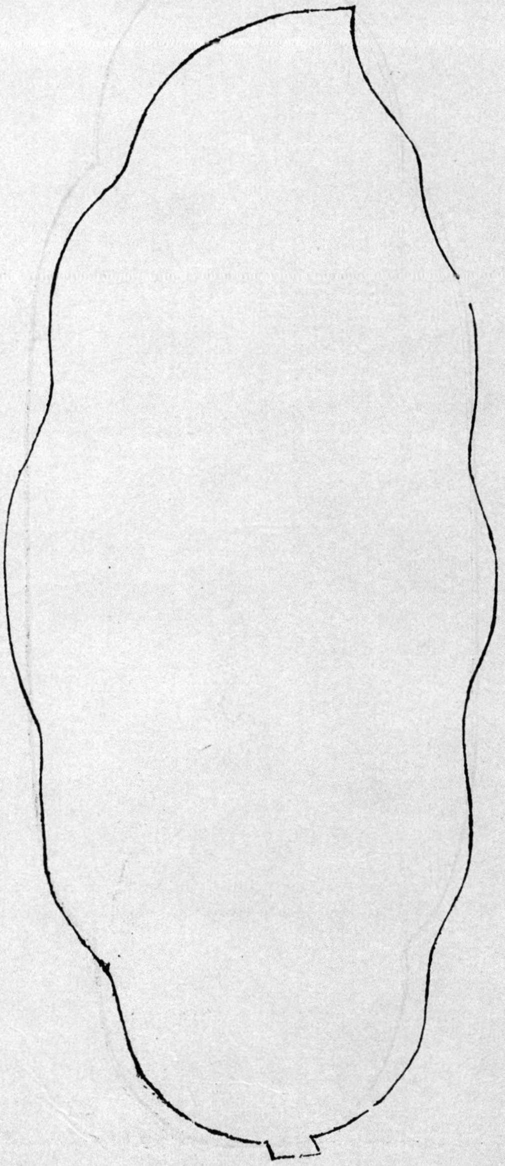

蓮瓣如意貝葉斯三式宜供佛所用

劍環式

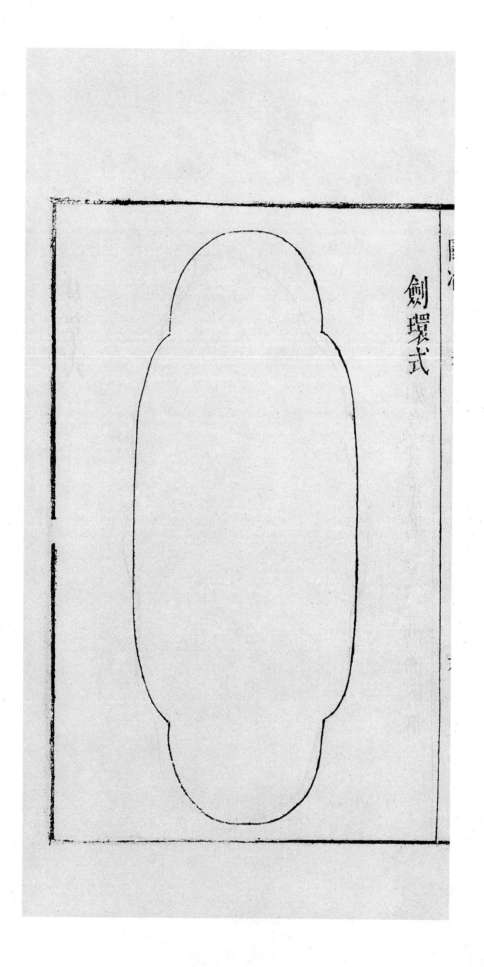

漢瓶式

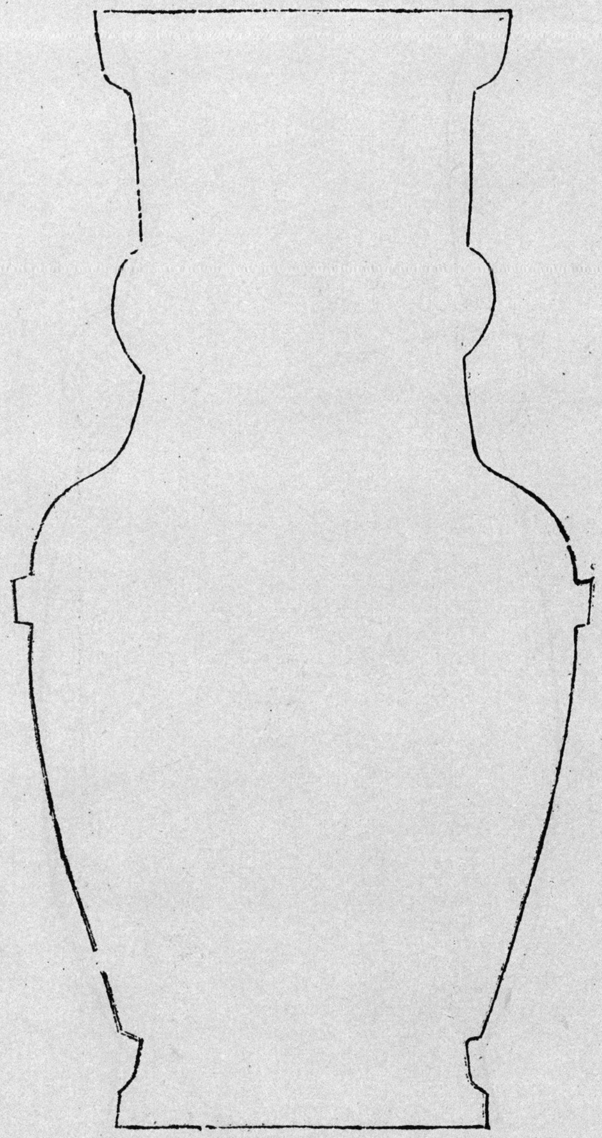

園冶　卷三　七

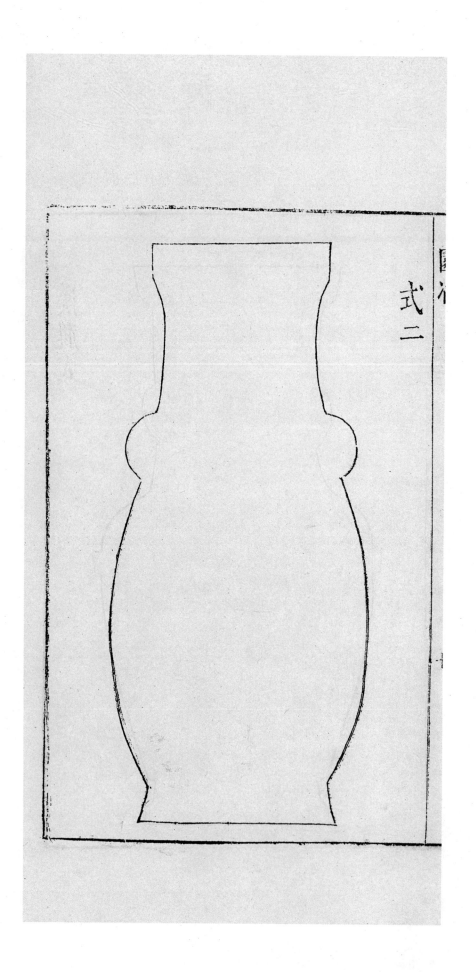

式二

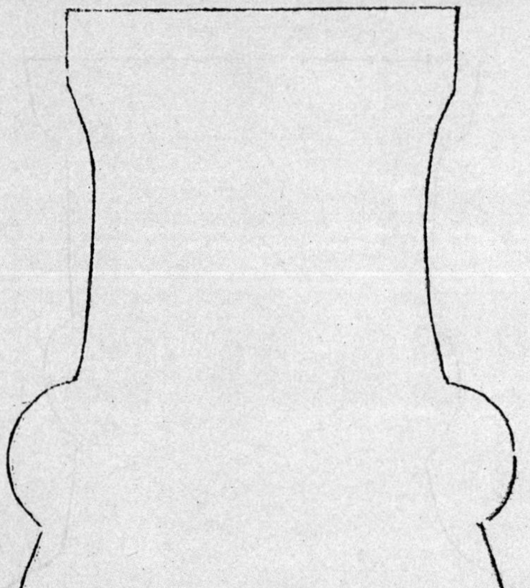

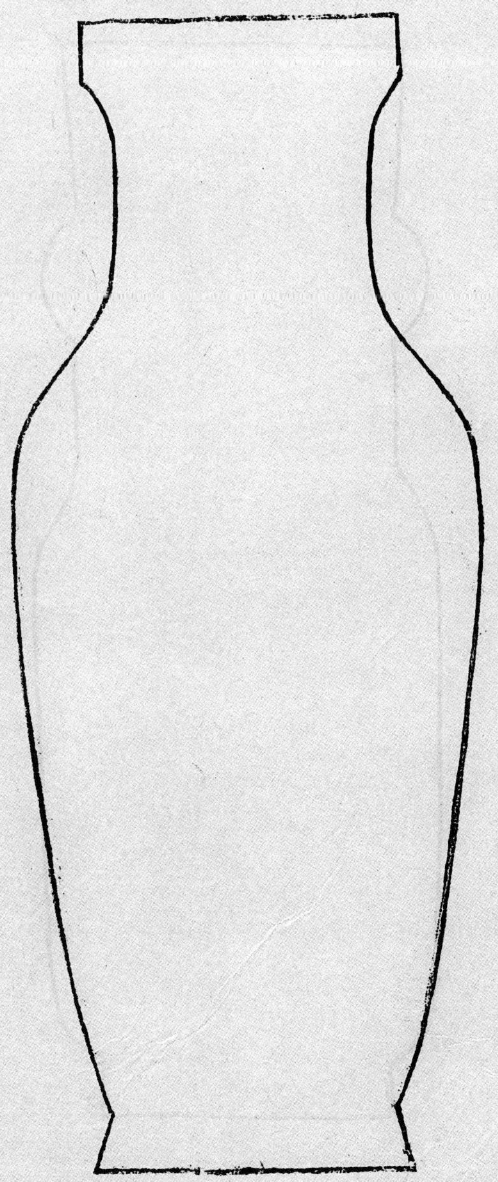

式三

式四

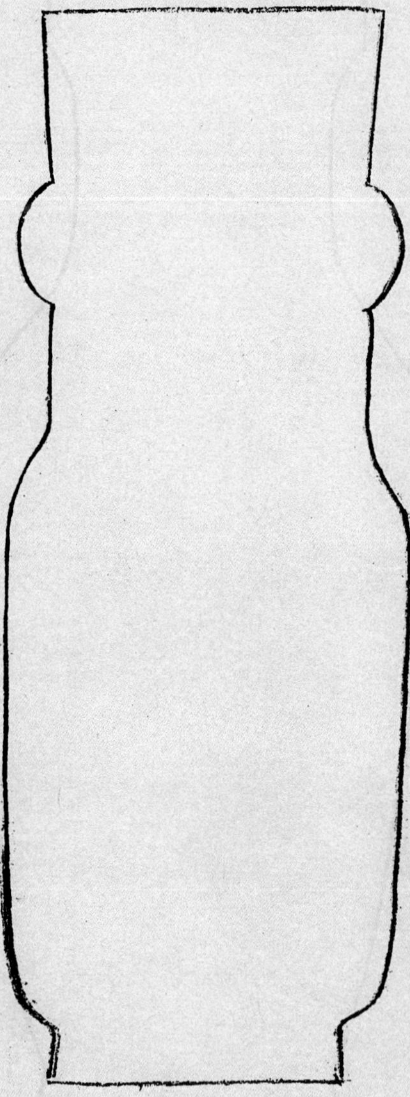

花觚式

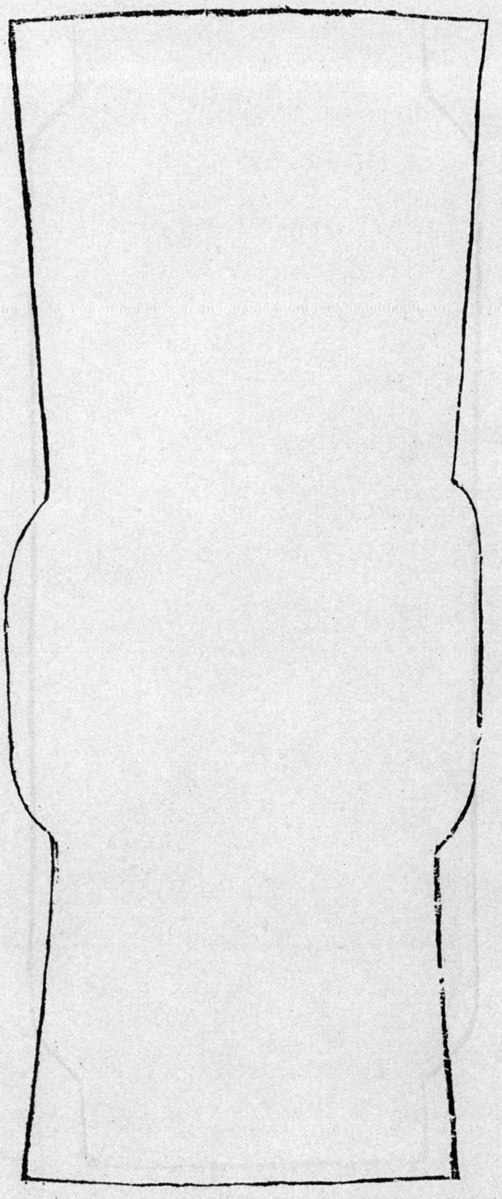

園冶 卷三

蓍艸瓶式

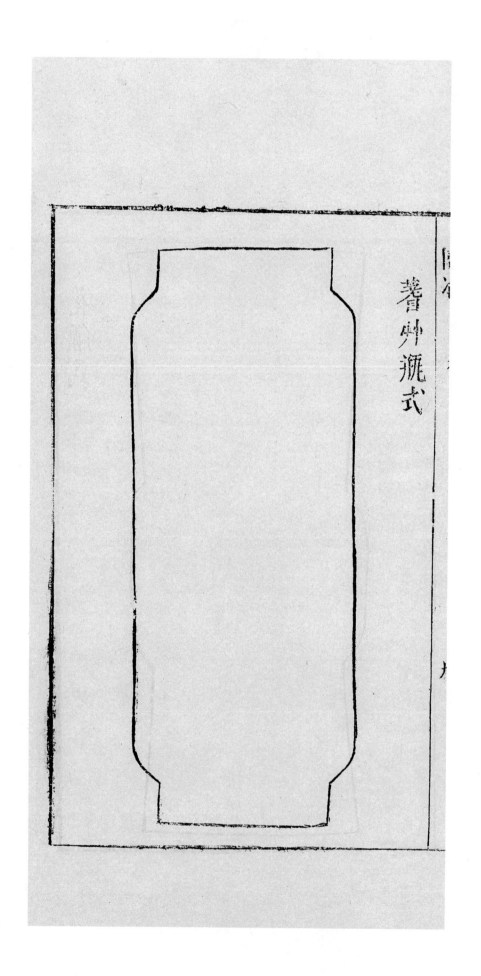

月窗式

大者可爲門空

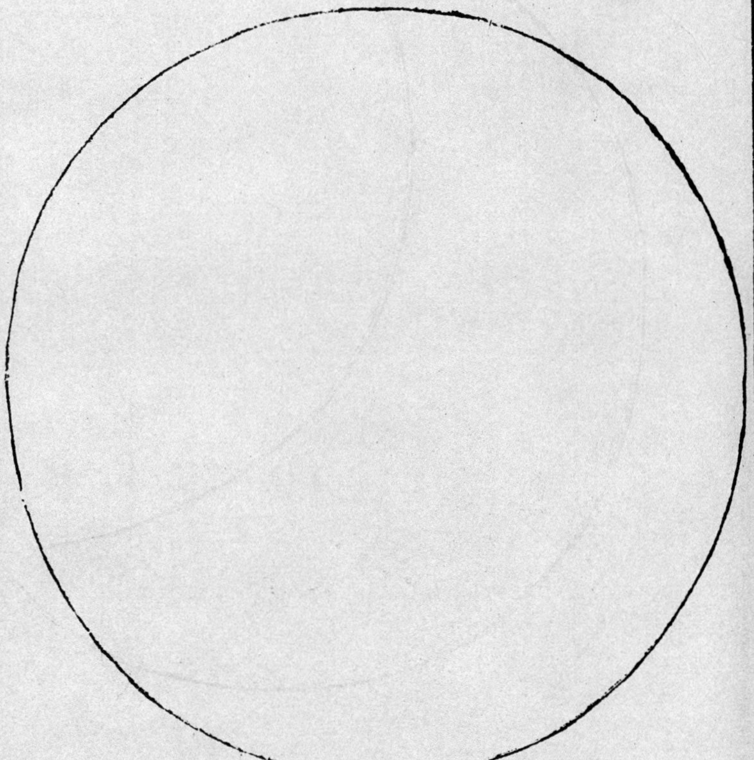

片月式

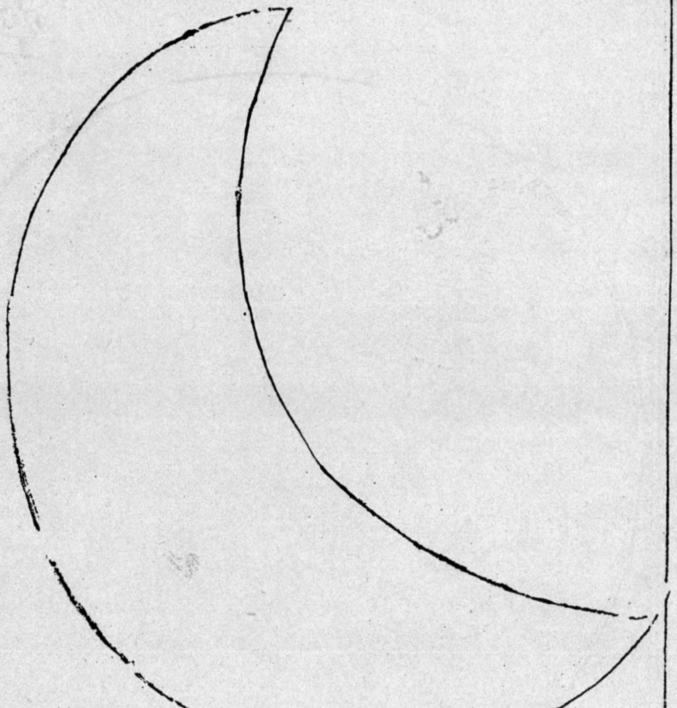

八方式

斯亦可門空

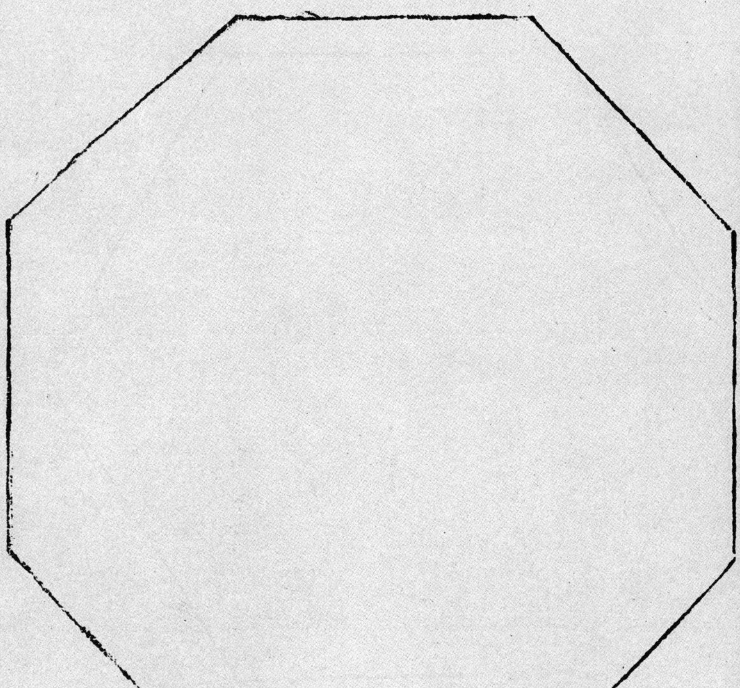

園冶　卷三

六方式

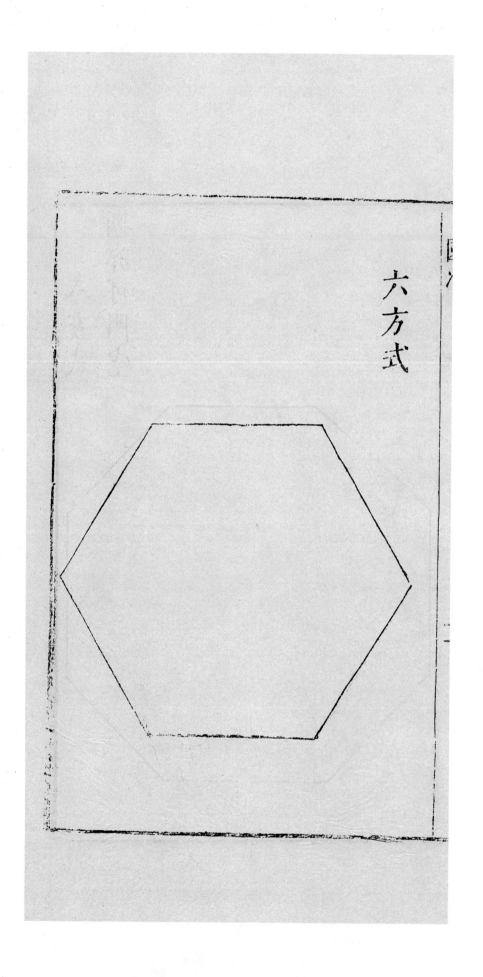

菱花式

如意式

梅花式

葵花式

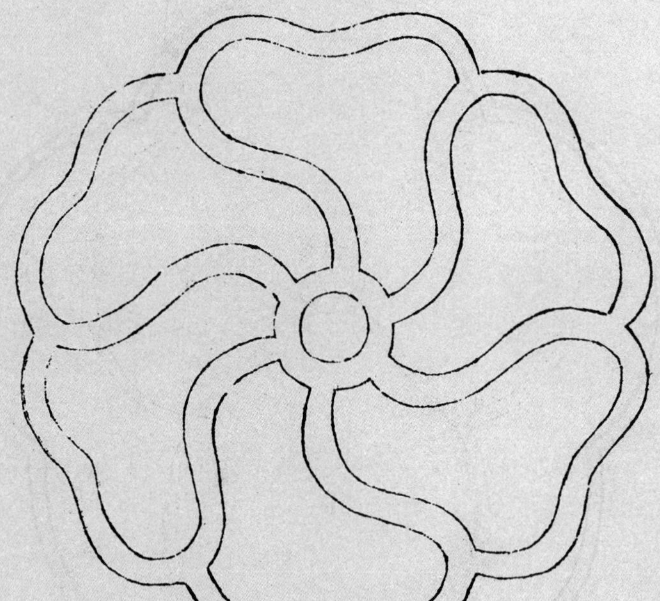

園冶　卷三

海棠式

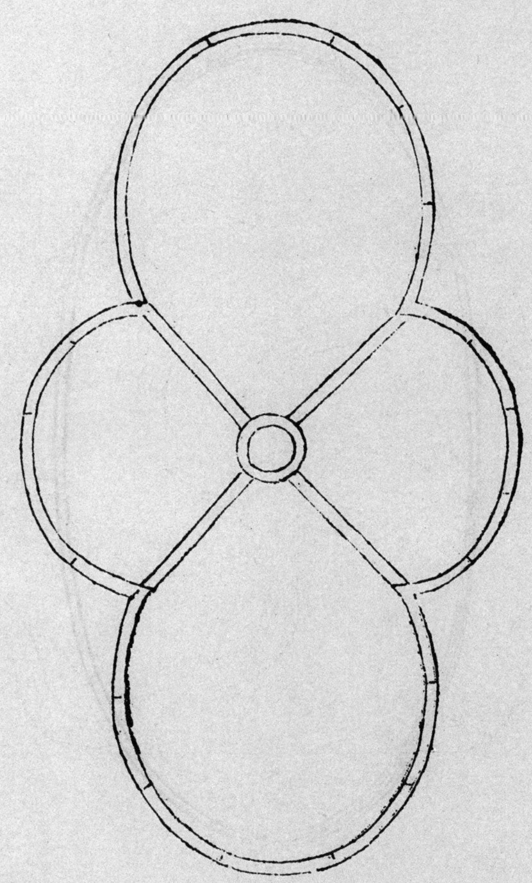

鶴子式

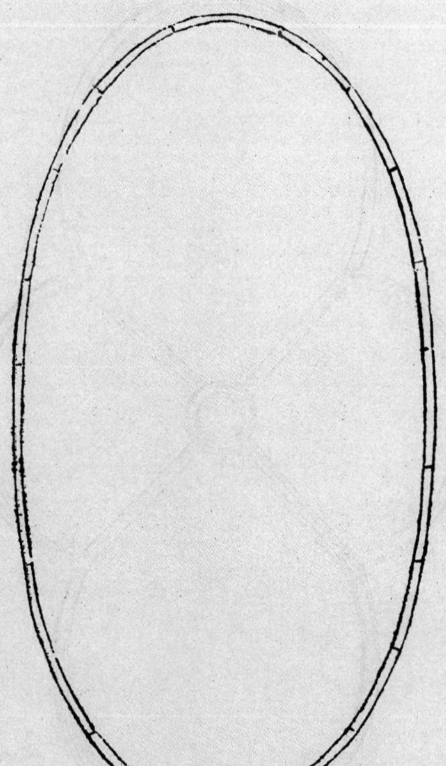

十四

貝葉式

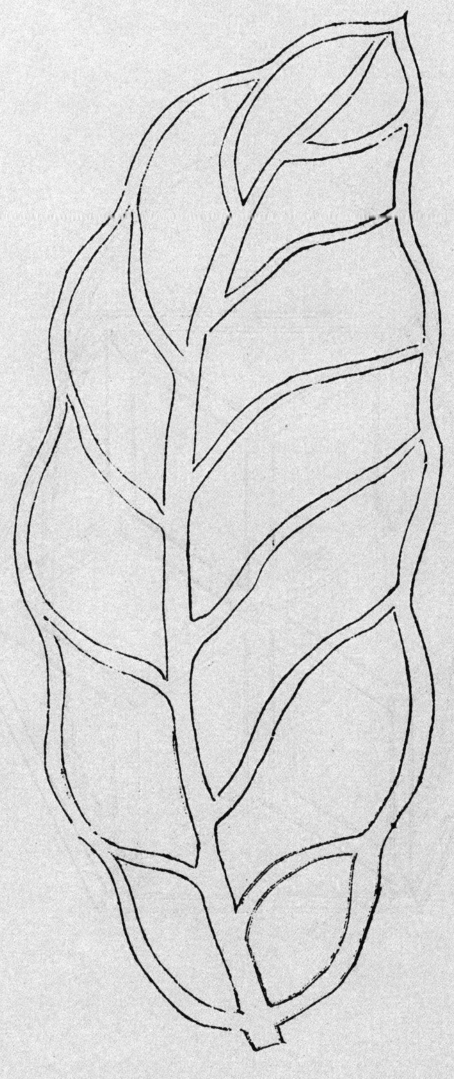

六方嵌梔子式

梔子花

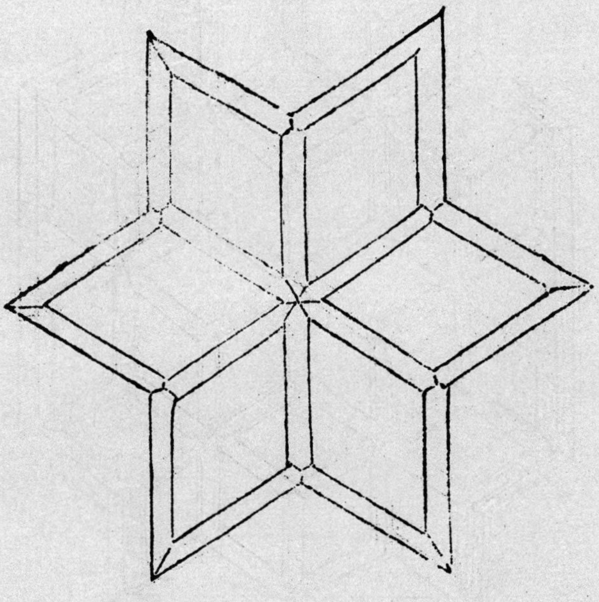

錐式

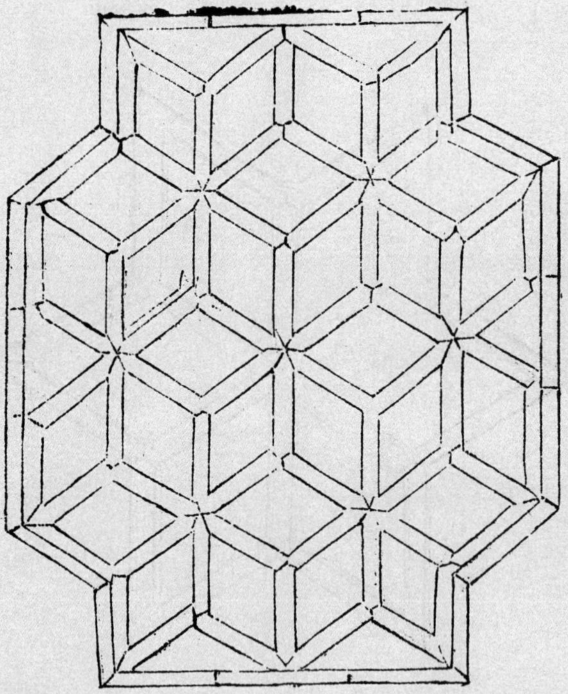

六墻垣

凡園之圍墻多于版築或于石砌或編籬棘夫編籬斯勝花屏似多野致深得山林趣味如內花端水次夾徑環山之垣或宜石宜磚宜漏宜磨各有所製從雅遵時令人欣賞園林之佳境也歷來墻垣憑匠作雕琢花鳥僊獸以爲巧製不第林園之不佳而宅堂前之何可也雀巢可憎積草如蘿祛之不盡扣之則廢無可奈何者市俗村愚之所爲也高明而慎之世人興造因

基之偏側任而造之何不以墻取頭濶頭狹就屋之端正斯匠主之莫知也

白粉墻

歷來粉墻用紙筋石灰有好事取其光膩用白蠟磨打者今用江湖中黃沙并上好石灰少許打底再加少許石灰蓋面以麻帚輕擦自然明亮鑑人倘有污積遂可洗去斯名鏡面墻也

磨磚墻

如隱門照墻廳堂面墻皆可用磨或方磚吊角

或方磚裁成八角嵌小方或小磚一塊間半塊
破花砌如錦樣封頂用磨掛方飛簷磚幾層雕
鏤花鳥僊獸不可用入畫意者少

漏磚墻

凡有觀眺處築斯似避外隱內之義古之瓦砌
連錢疊錠魚鱗等類一槩屏之聊式幾于左

亂石墻

是亂石皆可砌惟黃石者佳大小相間宜襍假
山之間亂青石版用油灰抿縫斯名冰裂也

菱花漏墻式

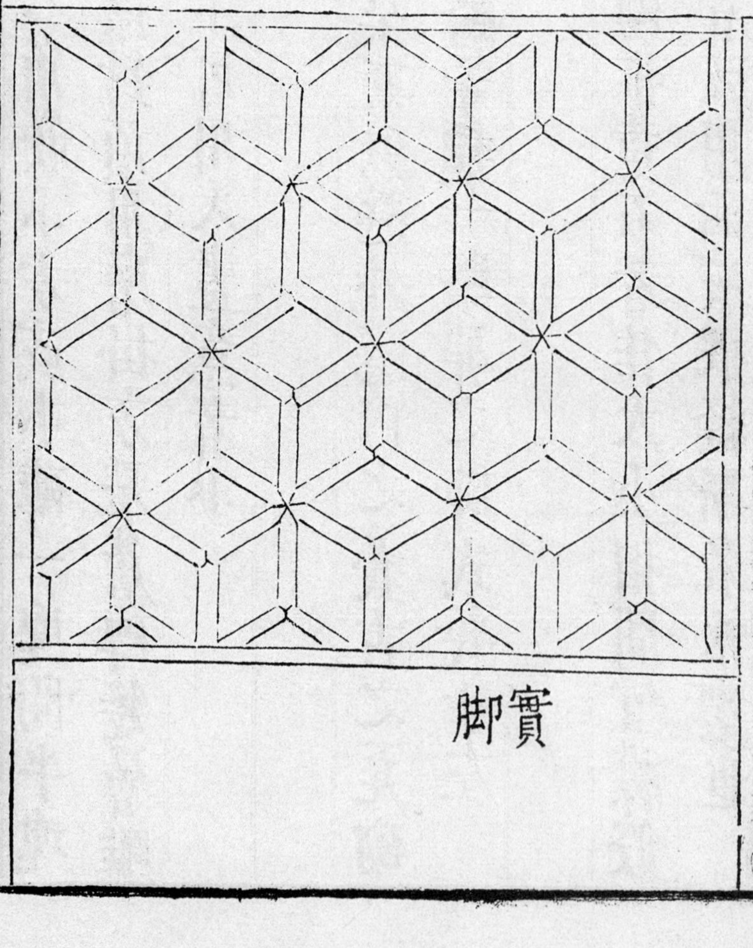

縧環式二

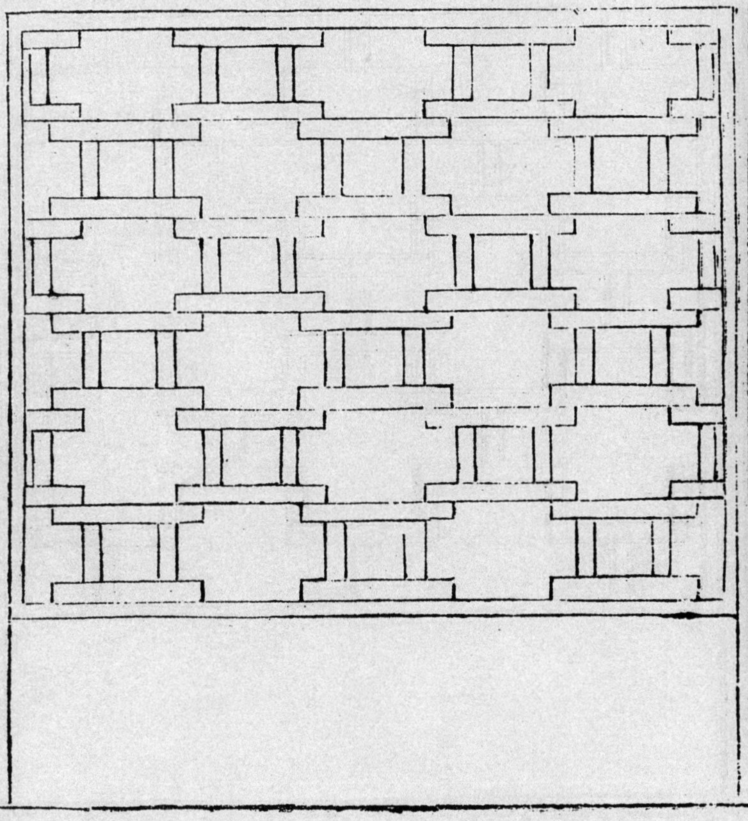

式三

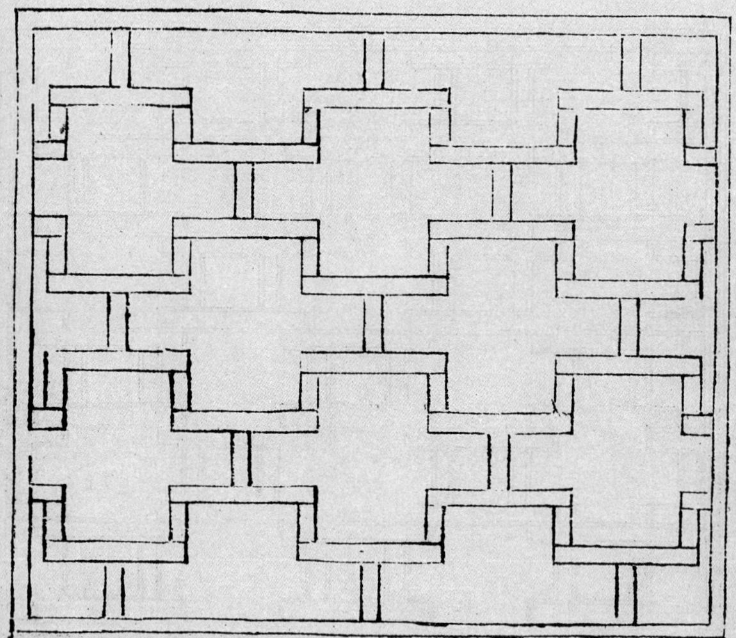

竹節式四

人字式五

式六

式七

園冶　卷三

式八

式九

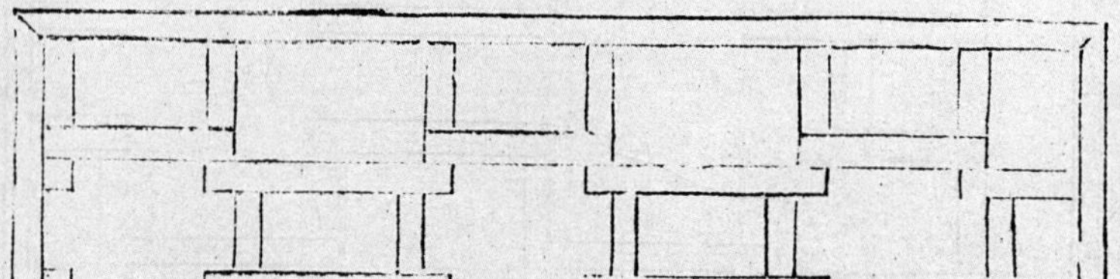

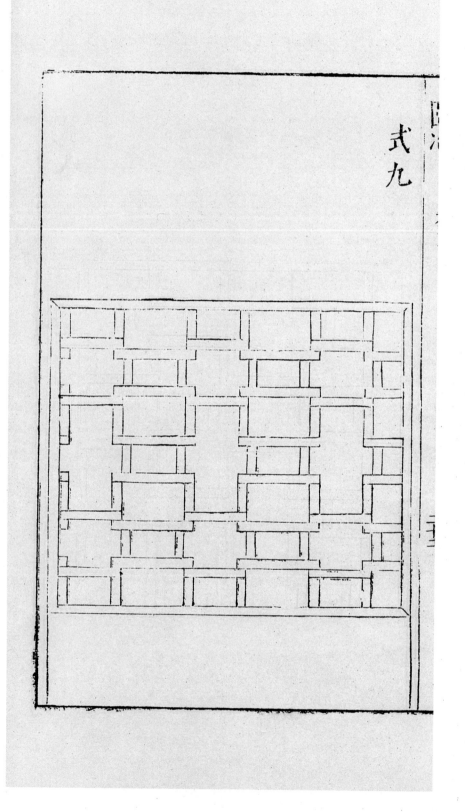

式十

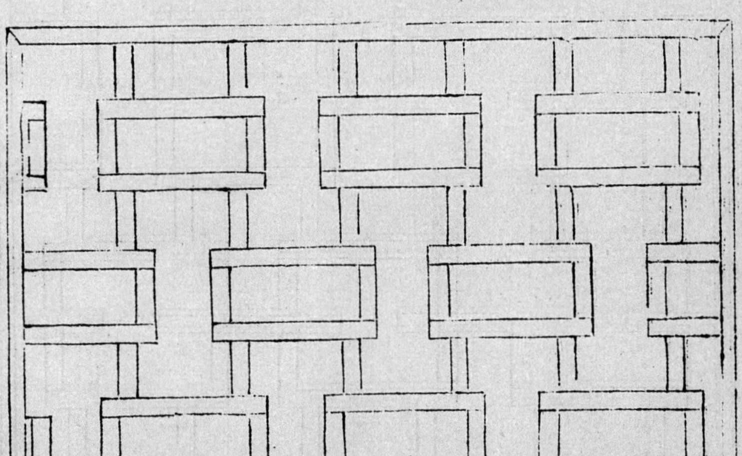

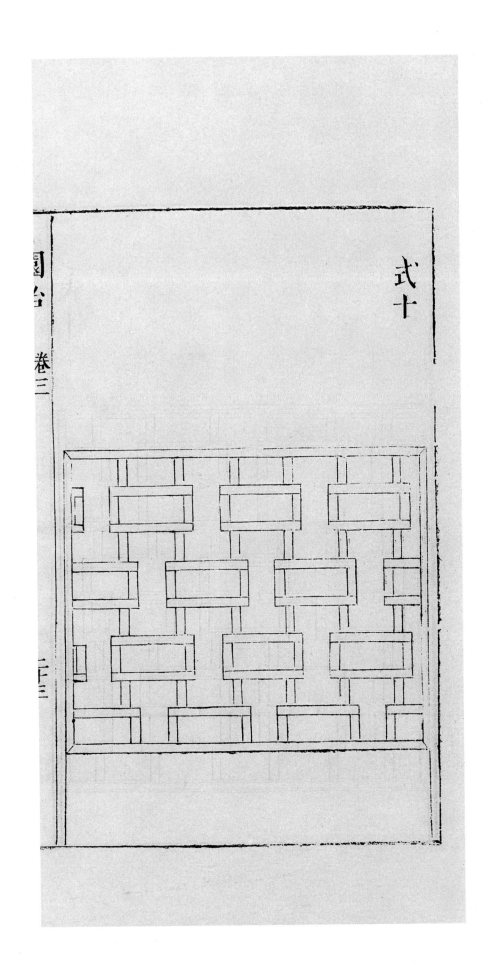

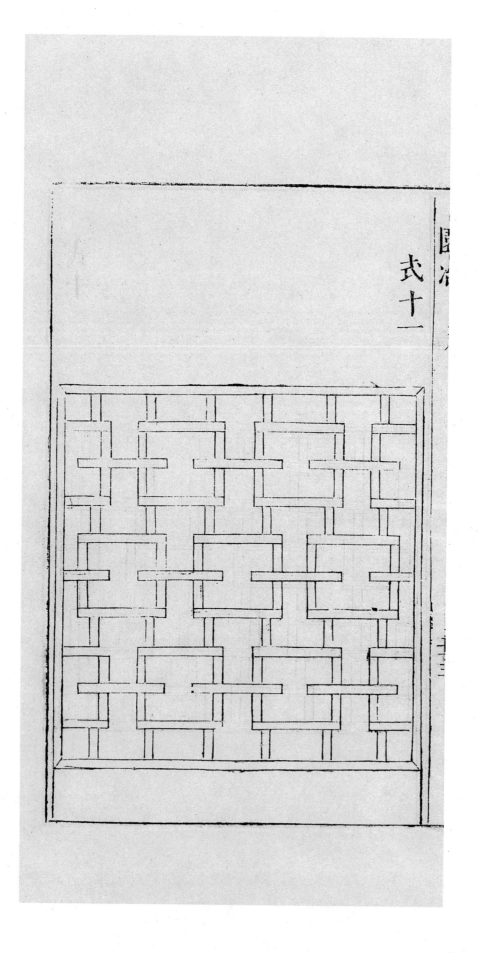

式十一

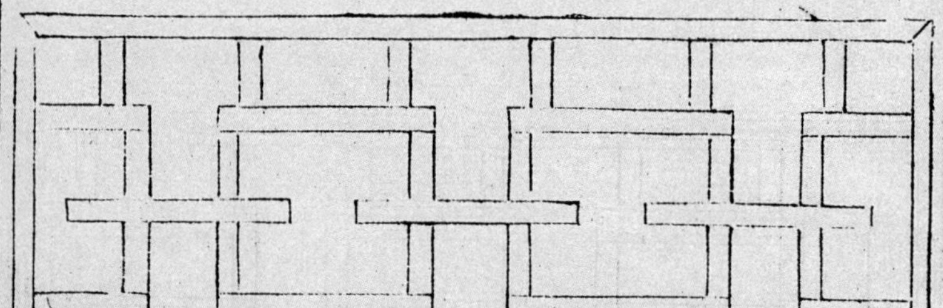

園冶　卷三

式十二

式十三

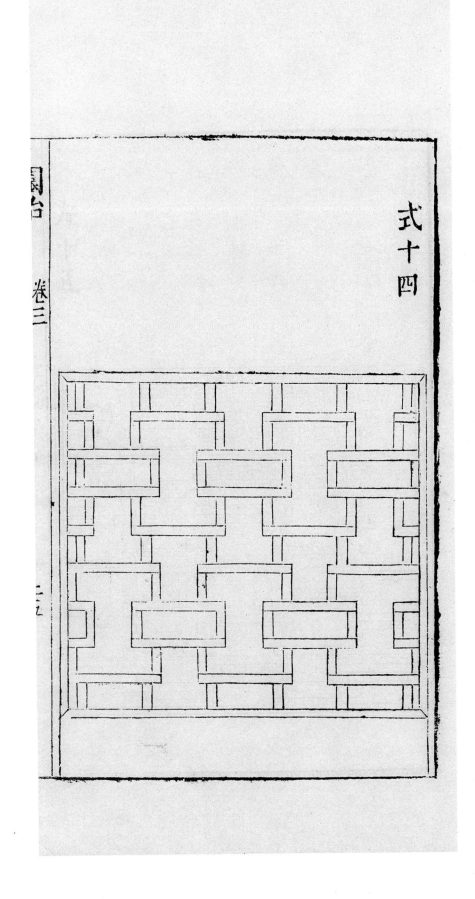

式十四

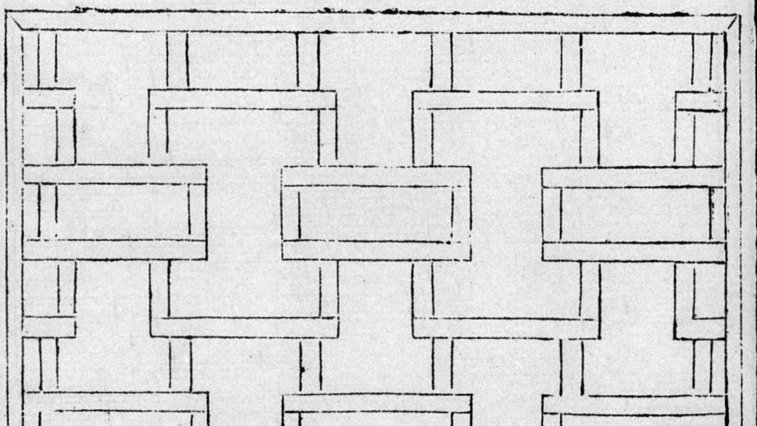

式十五

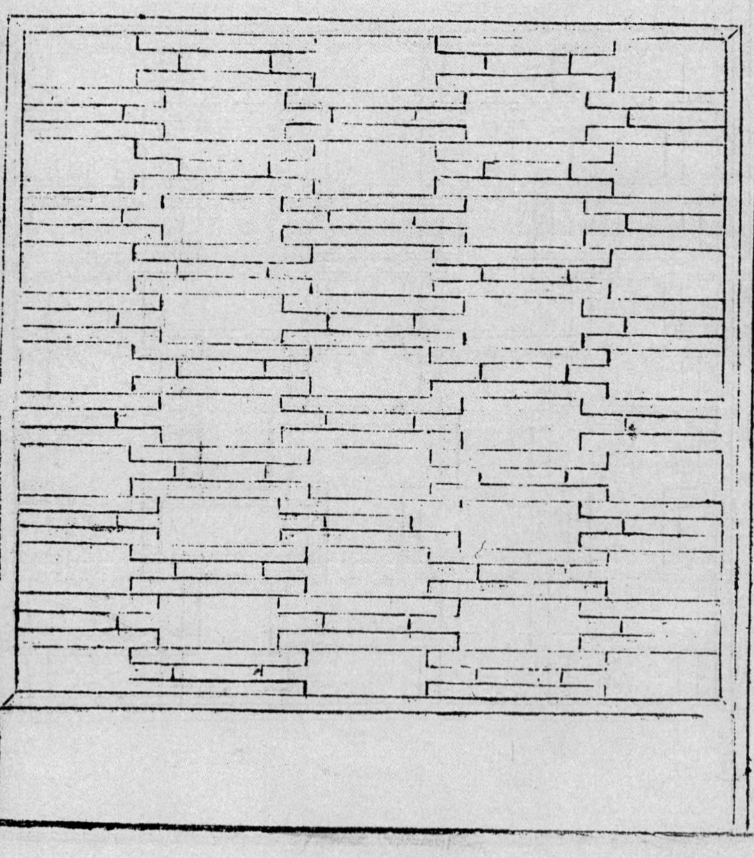

式十六

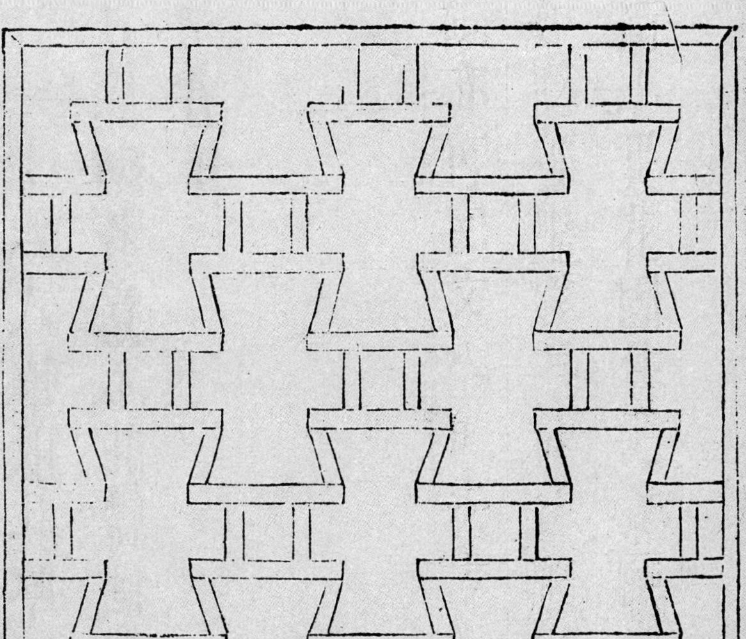

漏明牆凡計一十六式惟取其堅固如欄杆式中亦有可摘砌者意不能盡擯恐重式宜用磨砌者佳

七鋪地

大凡砌地鋪街小異花園住宅惟廳堂廣廈中鋪一槩磨磚如路徑盤蹊長砌多般亂石中庭或宜疊勝近砌亦可回文八角嵌方選鵞子鋪成蜀錦層樓出步就花稍琢擬秦臺錦線瓦條臺全石版吟花席地醉月鋪氈廢瓦片也有行時當湖石削鋪波紋洶湧破方磚可留大用遶梅花磨鬬冰裂紛紜路徑尋常堦除脫俗蓮生襪底步出個中來翠拾林深春從何處是花環

窄路偏宜石堂迴空庭須用磚各式方圓隨宜鋪砌磨歸瓦作襍用鈎兒

亂石路

園林砌路惟小亂石砌如榴子者堅固而雅致曲折高卑從山攝壑惟斯如一有用鵞子石間花紋砌路尚且不堅易俗

鵞子地

鵞子石宜鋪于不常走處大小間砌者佳恐匠之不能也或磚或瓦嵌成諸錦猶可如嵌鶴鹿

獅毬猶類狗者可咲

冰裂地

亂青版石鬬冰裂紋宜于山堂水坡臺端亭際見前風窗式意隨人活法砌似無拘格破方磚磨鋪猶佳

諸磚地

諸磚砌地屋內或磨扁鋪庭下宜叐砌方勝疊勝步步勝者古之常套也今之人字席紋斗紋量磚長短合宜可也有式

人字式

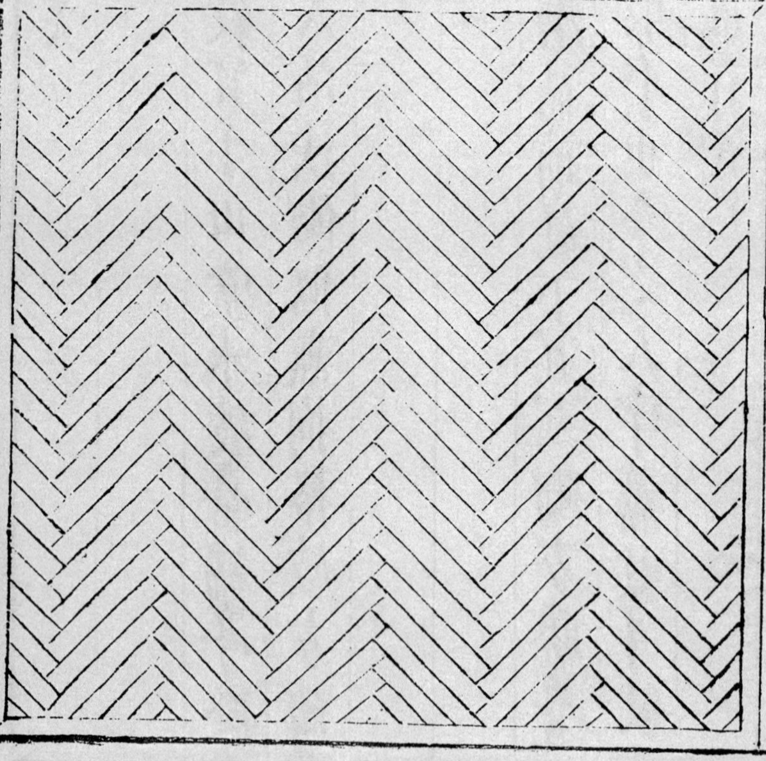

蓆紋式

閘方式

斗紋式

以上四式用

磚仄砌

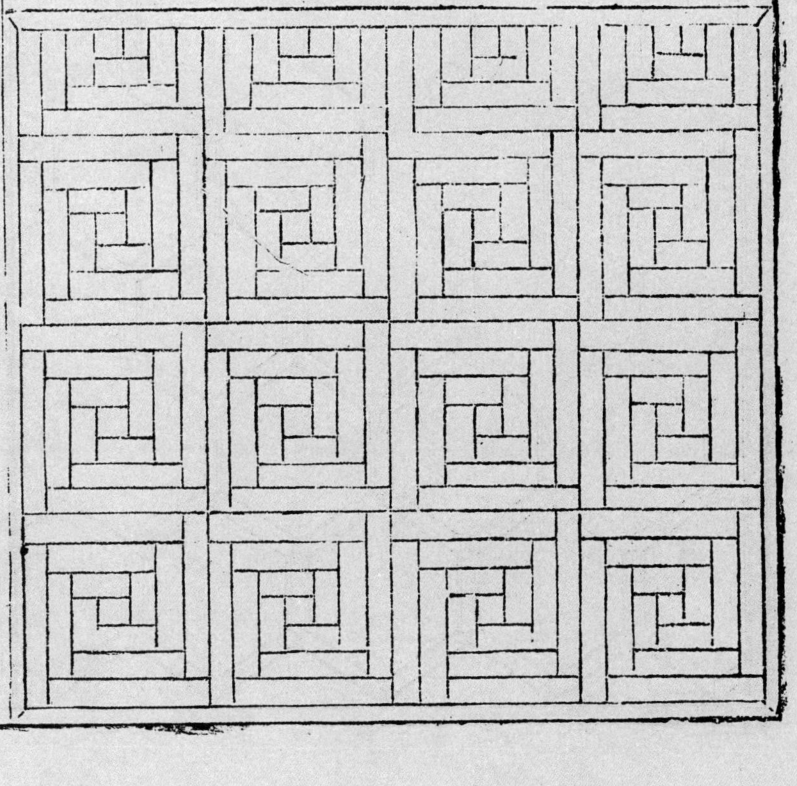

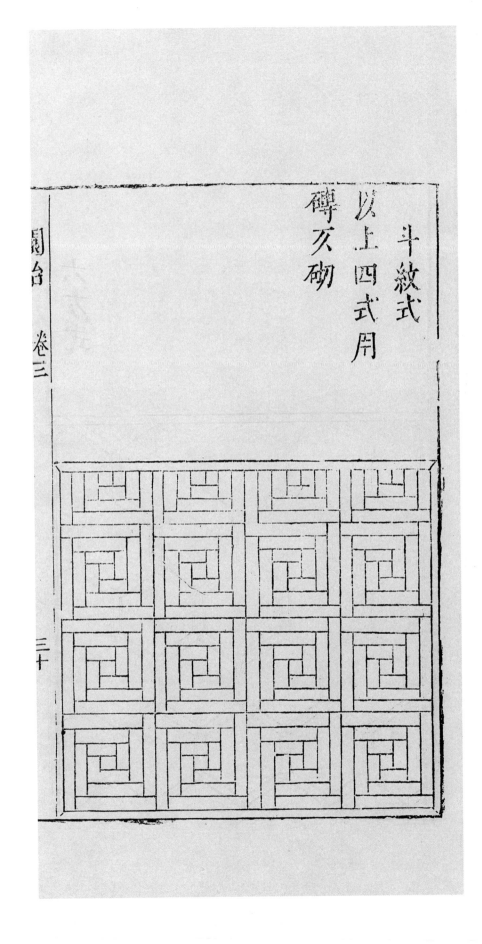

六方式

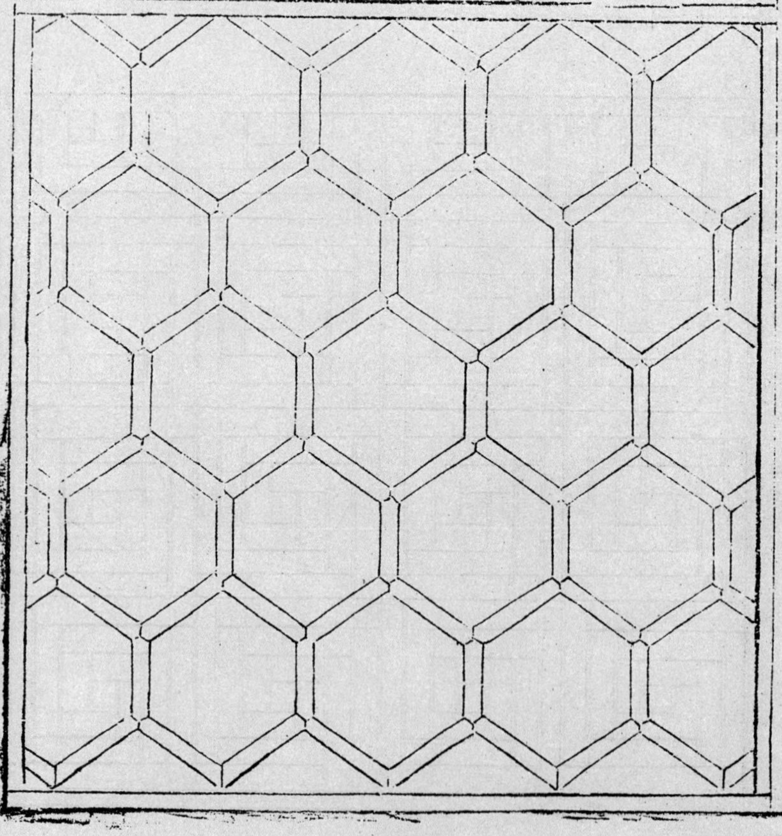

欑六方式

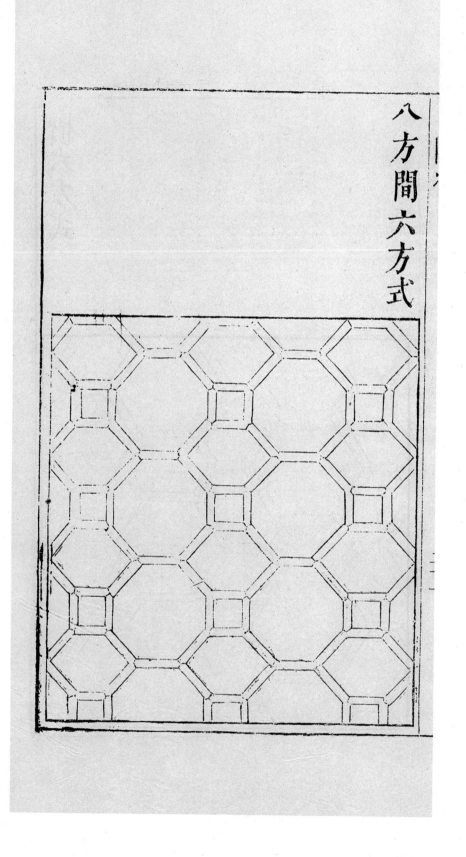

八方間六方式

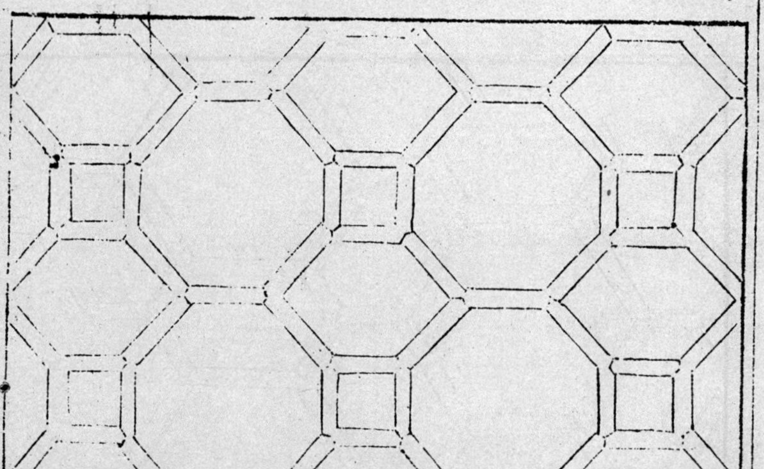

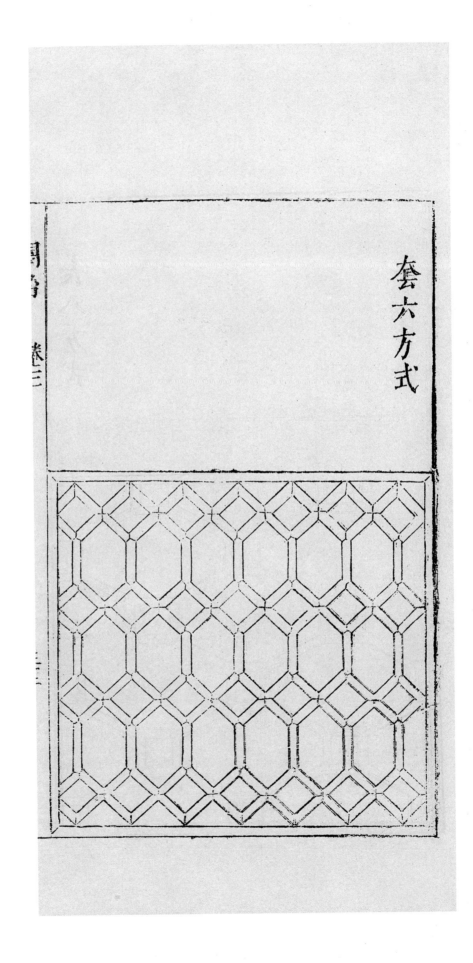

套六方式

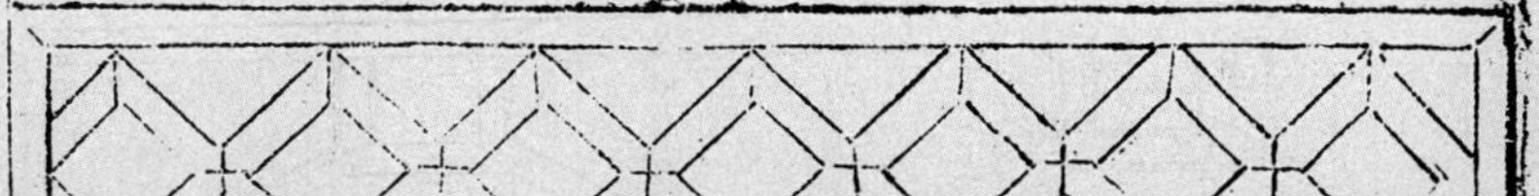

長八方式

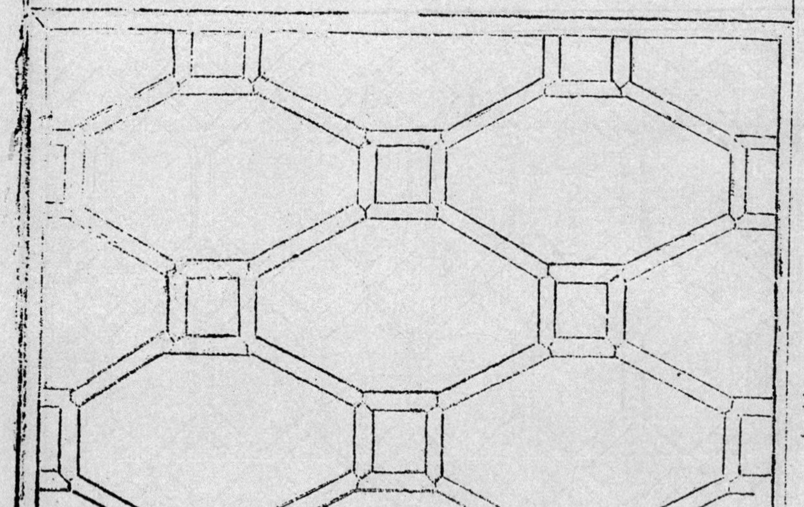

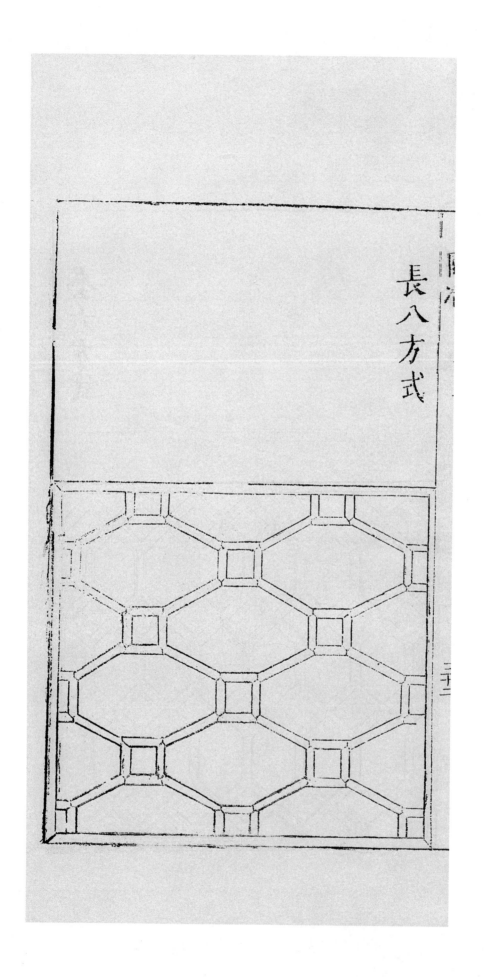

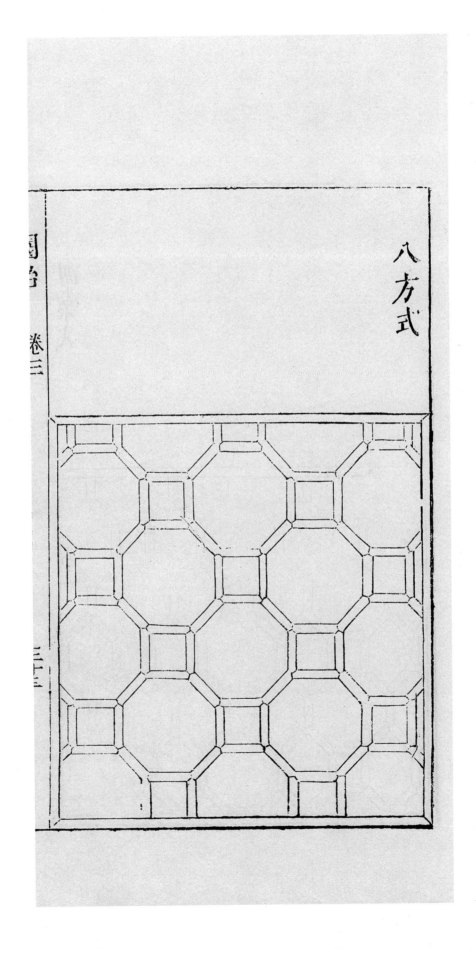

園冶　卷三　三十三

八方式

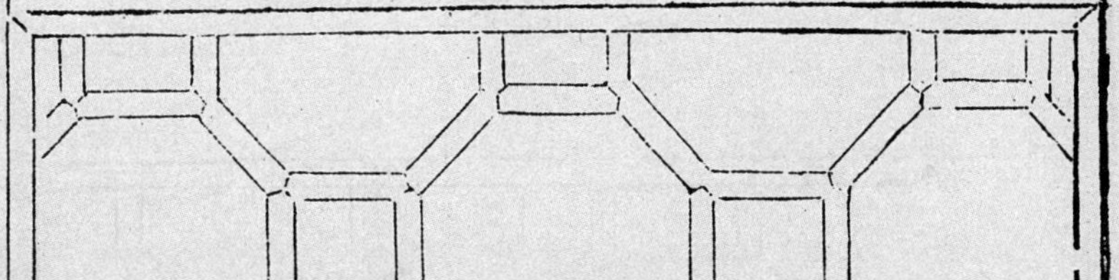

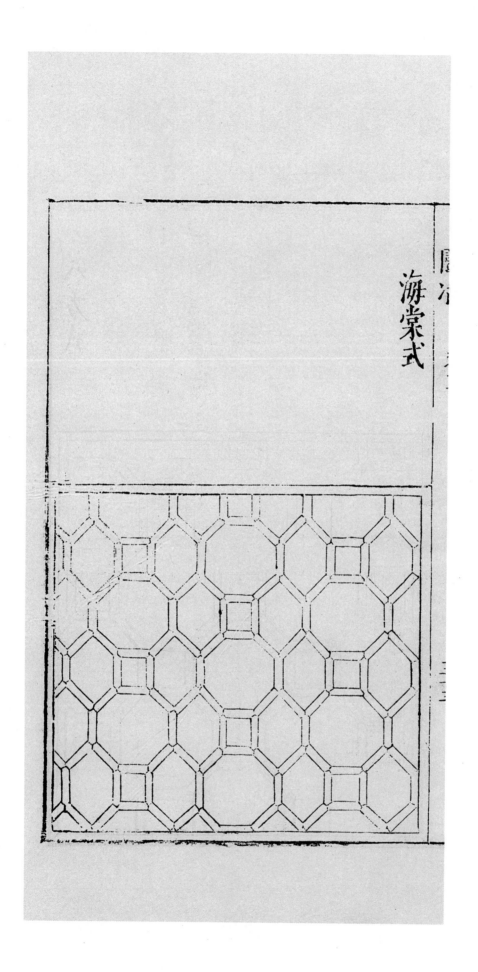

海棠式

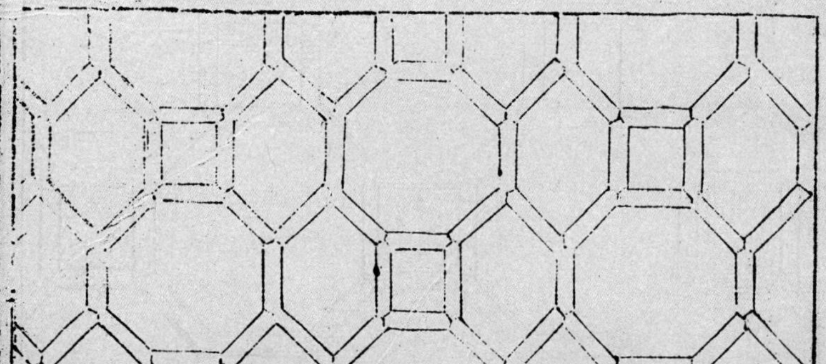

四方間十字式

以上八式用磚嵌鷰子砌

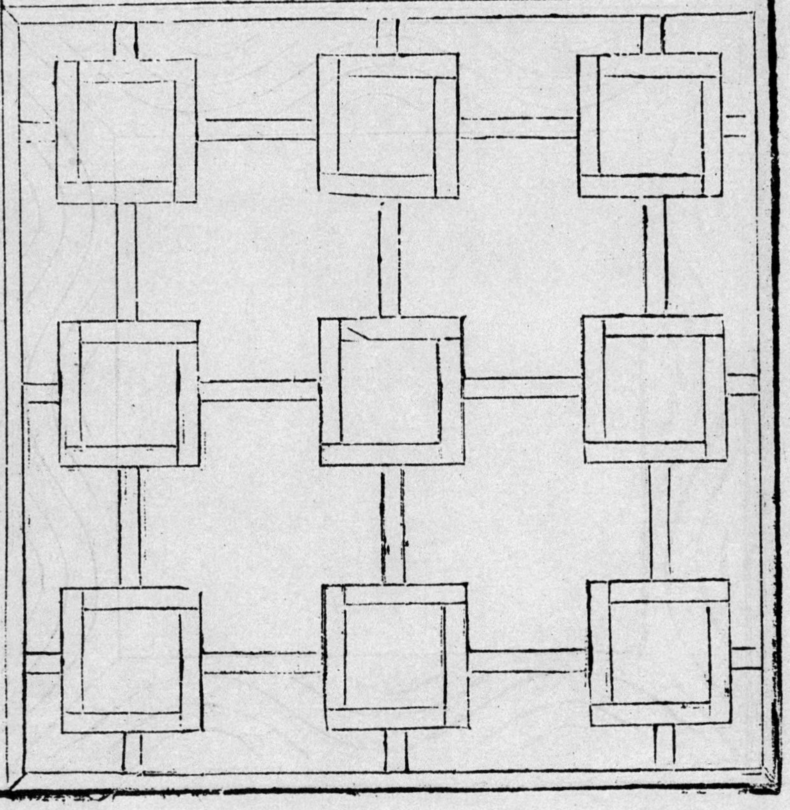

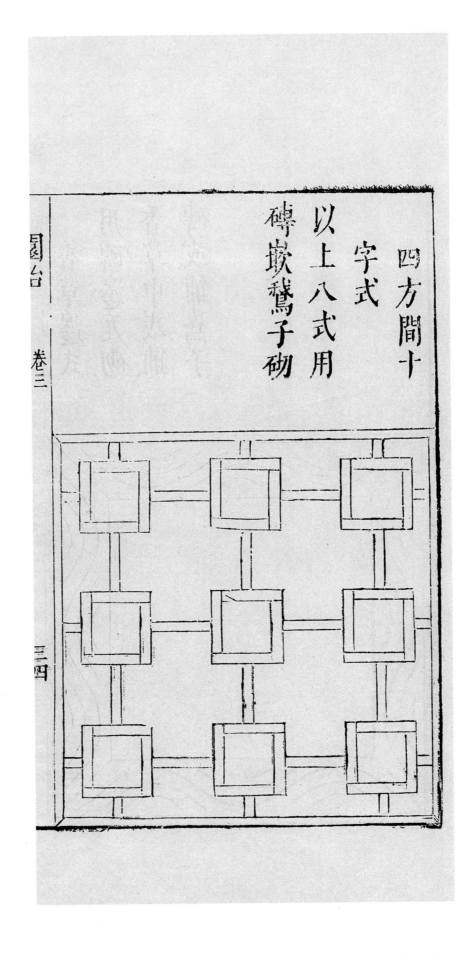

香草邊式

用磚邊瓦砌
香草中或鋪
磚或鋪鵞子

毬門式

鵞子嵌瓦只此一式可用

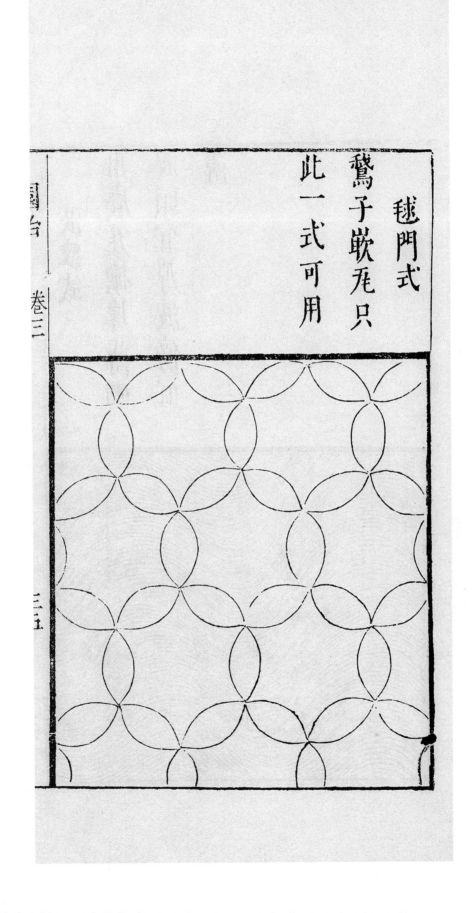

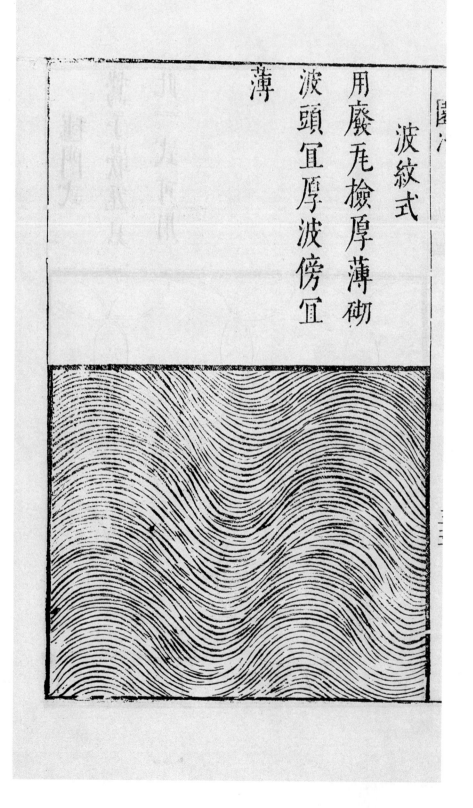

波紋式

用廢瓦檢厚薄砌波頭宜厚波傍宜薄

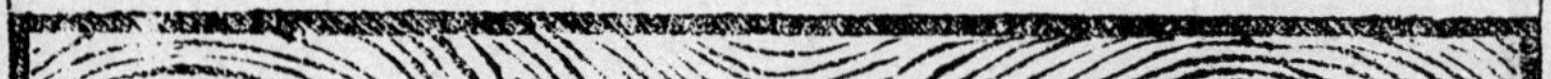

八掇山

掇山之始樁木爲先較其短長察乎虛實隨勢空其麻柱諒高掛以稱竿繩索堅牢扛擡穩重立根鋪以麄石大塊滿蓋樁頭塹裏掃于查灰着潮盡鑽山骨方堆頑夯而起漸以皴文而加瘦漏生奇玲瓏安巧峭壁貴于直立懸崖使其後堅巖巒洞穴之莫窮澗壑坡磯之儼是信足疑無别境舉頭自有深情蹊逕盤且長峯巒秀而古多方景勝咫尺山林玅在得乎一人雅從

兼于半土假如一塊中豎而爲主石兩條傍插
而呼劈峯獨立端嚴次相輔弼勢如排列狀若
趨承主石雖忌于居中宜中者也可劈峯總較
于不用豈用乎斷然排如爐燭花瓶列似刀鎗
劔樹峯虛五老池鑿四方下洞上臺東亭西榭
罅堪窺管中之豹路類張孩戲之貓小藉金魚
之缸大若酆都之境時宜得致古式何裁深意
畫圖餘情丘壑末山先麓自然地勢之嶙嶒搆
土成岡不在石形之巧拙宜臺宜榭邀月招雲

成徑成蹊尋花問柳臨池駁以石塊麄夯用之有方結嶺挑之土堆高低觀之多致欲知堆土之奧妙還擬理石之精微山林意味深求花木情緣易逗有眞爲假做假成眞稍動天機全叨人力探奇投好同志須知

園山

園中掇山非士大夫好事者不爲也爲者殊有識鑒緣世無合志不盡欣賞而就聽前一壁樓面三峯而已是以散漫理之可得佳境也

廳山

人皆廳前掇山環堵中聳起高高三峯排列于前殊爲可觀殊爲可笑更亦可笑加之以亭及登一無可望置之何益以予見或有嘉樹稍點玲瓏石塊不然墻中嵌理壁巖或頂植卉木垂蘿似有深境也

樓山

樓面掇山宜最高纔入妙高者恐逼于前不若遠之更有深意

閣山

閣皆四敞也宜于山側坦而可上便以登眺何必梯之

書房山

凡掇小山或依嘉樹卉木聚散而理或懸巖峻壁各有另致書房中最宜者更以山石爲池俯于窗下似得濠濮間想

池山

池上理山園中第一勝也若大若小更有妙境

就水點其步石從巔架以飛梁洞穴潛藏穿巖逕水峯巒飄渺漏月招雲莫言世上無僊斯住世之瀛壺也

內室山

內室中掇山宜堅宜峻壁立巖懸令人不可攀者堅固者恐孩戲之預妨也

峭壁山

峭壁者靠壁理也藉以粉壁爲紙以石爲繪也理者相石皴紋倣古人筆意植黄山松栢古梅

夫竹收之圓窗宛然鏡遊也

山石池

山石理池予始創者選版薄山石理之少得竅不能盛水須知等分平衡法可矣凡理塊石俱將四邊或三邊壓掇若壓兩邊恐石平中有損如壓一邊即鏬稍有絲縫水不能注雖做灰堅固亦不能止理當斟酌

金魚缸

如理山石池法用糙缸一隻或兩隻並排作底

或埋半埋將山石週圍理其上仍以油灰抵固鋼口如法養魚勝鋼中小山

峯

峯石一塊者相形何狀選合峯紋石令匠鑿筍眼爲座理宜上大下小立之可觀或峯石兩塊三塊拼掇亦宜上大下小似有飛舞勢或數塊掇成亦如前式須得兩三大石封頂須知平衡法理之無失稍有欹側久則逾欹其峯必頹理當慎之

巒

巒山頭高峻也不可齊亦不可筆架式或高或低隨致亂掇不排比爲妙

巖

如理懸巖起脚宜小漸理漸大及高使其後堅能懸斯理法古來罕者如懸一石又懸一石再之不能也予以平衡法將前懸分散後堅仍以長條塹裹石壓之能懸數尺其狀可駭萬無一失

園冶

洞

理洞法起脚如造屋立幾柱着實擫玲瓏如窗門透亮及理上見前理巖法合湊收頂加條石替之斯千古不朽也洞寛丈餘可設集者自古鮮矣上或堆土植樹或作臺或置亭屋合宜可也

澗

假山依水爲妙倘高阜處不能注水理澗壑無水似有深意

曲水

曲水古皆鑿石漕上置石龍頭濆水者斯費工類俗何不以理澗法上理石泉口如瀑布亦可流觴似得天然之趣

瀑布

瀑布如峭壁山理也先觀有高樓簷水可澗至墻頂作天溝行壁山頂留小坑突出石口泛漫而下纔如瀑布不然隨流散漫不成斯謂坐雨觀泉之意

夫理假山必欲求好要人說好片山塊石似有野致蘇州虎丘山南京鳳臺門貼花札架處處皆然

九選石

夫識石之來繇詢山之遠近石無山價費只人工跋躡搜巔蹊𨅔究路便宜出水雖遙千里何妨日計在人就近一肩可矣取巧不但玲瓏只宜单點求堅還從古拙堪用層堆須先選質無紋俟後依皴合掇多紋恐損垂竅當懸古勝太湖好事只知花石時遵圖畫匪人焉識黃山小倣雲林大宗子久塊雖頑夯峻更嶙峋是石堪堆便山可採石非草木採後復生人重利名近

無圖遠

太湖石

蘇州府府屬洞庭山石産水涯惟消夏灣者爲最性堅而潤有嵌空穿眼宛轉嶮怪勢一種色白一種色青而黑一種微黑青其質文理縱橫籠絡起隱扵面遍多坳坎葢因風浪中衝激而成謂之彈子窩扣之微有聲採人攜鎚鏨入深水中度奇巧取鑿貫以巨索浮大舟架而出之此石最高大爲貴惟宜植立軒堂前或點喬松

奇并下裝治假山羅列園林廣榭中頗多偉觀也自古至今採之以久今尚鮮矣

崑山石

崑山縣馬鞍山石產土中為赤土積漬既出土倍費挑剔洗滌其質磊塊巉巖透空無聳拔峯巒勢扣之無聲其色潔白或種植小木或種溪蓀于奇巧處或置器中宜點盆景不成大用也

宜興石

宜興縣張公洞善卷寺一帶山產石便于竹林

出水有性堅穿眼嶮怪如太湖者有一種色黑質麄而黄者有色白而質嫩者掇山不可懸恐不堅也

龍潭石

龍潭金陵下七十餘里沿大江地名七星觀至山口倉頭一帶皆產石數種有露土者有半埋者一種色青質堅透漏文理如太湖者一種色微青性堅稍覺頑夯可用起脚壓泛一種色文古拙無漏宜单點一種色青如核桃紋多皴法

者掇能合皴如畫爲妙

青龍山石

金陵青龍山石大圈大孔者全用匠作鑿取做成峯石只一面勢者自來俗人以此爲太湖主峯凡花石反呼爲脚石掇如爐瓶式更加以靑峯儼如刀山劍樹者斯也或點竹樹下不可高掇

靈璧石

宿州靈璧縣地名磬山石産土中歲久穴深數

丈其質爲赤泥漬滿土人多以鐵爪遍刮凡三次旣露石色卽以鐵絲箒或竹箒兼磁末刷治清潤扣之鏗然有聲石底多有漬土不能盡者石在土中隨其大小具體而生或成物狀或成峯巒巉巖透空其眼少有宛轉之勢須藉斧鑿脩治磨礲以全其美或一面或三四面全者卽是從土中生起凡數百之中無一二有得四面者擇其奇巧處鐫治取其底平可以頓置几案亦可以掇小景有一種扁朴或成雲氣者懸之

室中為磬所謂泗濱浮磬是也

峴山石

鎮江府城南大峴山一帶皆產石小者全質大者鐫取相連處奇怪萬狀色黃清潤而堅扣之有聲有色灰青者石多穿眼相通可掇假山

宣石

宣石產于寧國縣所屬其色潔白多於赤土積漬須用刷洗纔見其質或梅雨天瓦溝下水冲盡土色惟斯石應舊逾舊逾白儼如雪山也一

種名馬牙宣可置几案

湖口石

江州湖口石有數種或產水際一種色青混然峯巒嵒巖鑿成類諸物一種匾薄嵌空穿眼通透幾若木版以利刀剜刻之狀石理如刷絲亦微扣之有聲東坡稱賞目之爲世中九華有百金歸買小玲瓏之語

英石

英州含光眞陽縣之間石產溪水中有數種一

微青色有通白脉籠絡一微灰黑一淺綠有峯巒嵌空穿眼宛轉相通其質稍潤扣之微有聲可置几案亦可點盆亦可掇小景有一種色白四面峯巒聳拔多稜角稍瑩澈面面有光可鑑物扣之無聲採人就水中度奇巧處鏨取只可置几案

散兵石

散兵者漢張子房楚歌散兵處也故名其地在巢湖之南其石若大若小形状百類浮露于山

其質堅其色青黑有如太湖者有古拙皺紋者土人採而裝出販賣維揚好事者買其石有最大巧妙透漏如太湖峯更佳者未嘗採也

黃石

黃石是處皆產其質堅不入斧鑿其文古拙如常州黃山蘇州堯峰山鎮江圌山沿大江直至采石之上皆產俗人只知頑夯而不知奇妙也

舊石

世之好事慕聞虛名鑚求舊石某名園某峰石

其名人題詠其代傳至于今斯眞太湖石也今廢欲待價而沽不惜多金售爲古玩還可又有惟聞舊石重價買者夫太湖石者自古至今好事採多似鮮矣如別山有未開取者擇其透漏青骨堅質採之未嘗亞太湖也斯亘古露風何爲新耶何爲舊耶凡採石惟盤駁人工裝載之費到園殊費幾何予聞一石名百米峰詢之費百米所得故名今欲易百米再盤百米復名二百米峰也凡石露風則舊搜土則新雖有土色

未幾雨露亦成舊矣

錦川石

斯石宜舊有五色者有純緑者紋如畫松皮高丈餘闊盈尺者貴丈内者多近宜興有石如錦川其紋眼嵌石子色亦不佳舊者紋眼嵌空色質清潤可以花間樹下插立可觀如理假山猶類劈峯

花石綱

宋花石綱河南所屬邊近山東隨處便有是運

之所遺者其石巧妙者多緑陸路頗艱有好事者少取塊石置園中生色多矣

六合石子

六合縣靈居巖沙土中及水際產瑪瑙石子頗細碎有大如拳純白五色紋者有純五色者其温潤瑩徹擇紋釆斑斕取之鋪地如錦或置澗壑及流水處自然清目

夫葺園圃假山處處有好事處處有石塊但不得其人欲拘出石之所到地有山似當有

石雖不得巧妙者隨其頑夯但有文理可也曾見宋杜綰石譜何處無石予少用過石處聊記于右餘未見者不錄

十借景

構園無格借景有因切要四時何關八宅林皋延竚相緣竹樹蕭森城市喧卑必擇居隣閒逸高原極望遠岫環屏堂開淑氣侵人門引春流到澤嫣紅艷紫欣逢花裏神仙樂聖稱賢足並山中宰相閒居曾賦芳草應憐掃徑護蘭芽分香幽室捲簾邀燕子閒剪輕風片片飛花絲絲眠柳寒生料峭高架鞦韆興適清偏貽情丘壑頓開塵外想擬入畫中行林陰初出鶯歌山曲

忽聞農唱風生林樾境入羲皇幽人郎韻于松寮逸士彈琴于篁裏紅衣新浴碧玉輕敲看竹溪灣觀魚濠上山容藹藹行雲故落凭欄水面鱗鱗爽氣覺來欹枕南軒寄傲北牖虛陰半窗碧隱蕉桐環堵翠延蘿薜俯流先月坐石品泉苧衣不耐凉新池荷香綰梧葉忽驚秋落蚤草鳴幽湖平無際之浮光山媚可餐之秀色寓目一行白鳥醉顏幾陣丹楓眺遠高臺搔首青天那可問凭虛敞閣舉盃明月自相邀冉冉天香

悠悠桂子但覺籬殘菊晚應探嶺暖梅先少繫
杖頭招携隣曲恍來林月美人卻卧雪廬高士
雲冥黯黯木葉蕭蕭風鴉幾樹夕陽寒鴈數聲
殘月書窗夢醒孤影遙吟錦幛偎紅六花呈瑞
棹興若過剡曲掃烹果勝党家冷韻堪賡清名
可並花殊不謝景摘偏新因借無繇觸情俱是
夫借景林園之最要者也如遠借隣借仰借
俯借應時而借然物情所逗目寄心期似意
在筆先庶幾描寫之盡哉

崇禎甲戌歲予年五十有三歷盡風塵業遊已倦少有林下風趣逃名丘壑中乆資林園似與世故覺遠惟聞時事紛紛隱心皆然愧無買山力甘為桃源溪口人也自嘆生人之時也不遇時也武侯三國之師梁公女王之相古之賢豪之時也大不遇時也何况草野疎愚涉身丘壑暇著斯冶欲示二兒長生長吉但覔梨栗而已故梓行合為世便

自識